全国高等院校环境设计专业规划教材

景观设计
方法与程序

刘蔓　刘宇 —— 编著

Landscape Design
Methods And Procedures

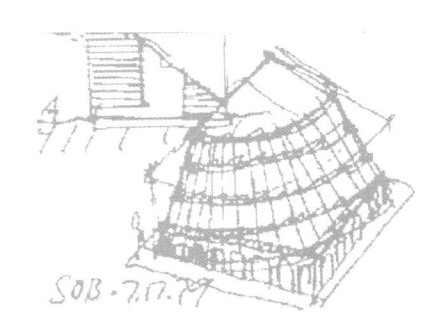

西南师范大学出版社
国家一级出版社　全国百佳图书出版单位

图书在版编目（CIP）数据

景观设计方法与程序／刘蔓编著．－重庆：西南师范大学出版社，2007.9（2021.1 重印）
　全国高等院校环境艺术设计专业规划教材
　ISBN 978-7-5621-3941-6

　Ⅰ.景… Ⅱ.刘… Ⅲ.景观－园林设计－高等学校－教材 Ⅳ.TU986.2

中国版本图书馆 CIP 数据核字（2007）第 134544 号

全国高等院校环境设计专业规划教材

景观设计方法与程序
JINGGUAN SHEJI FANGFA YU CHENGXU

编　　著：刘蔓　刘宇

责任编辑：胡秀英　戴永曦
书籍设计：UFO_鲁明静　汤妮
出版发行：西南师范大学出版社
地　　址：重庆市北碚区天生路 2 号
邮　　编：400715
本社网址：http://www.xscbs.com
网上书店：http://xnsfdxcbs.tmall.com
电　　话：023-68860895
传　　真：023-68208984
经　　销：新华书店
制　　版：重庆海阔特数码分色彩印有限公司
印　　刷：重庆康豪彩印有限公司

幅面尺寸：210mm×285mm　　印　张：8.5　　字　数：272 千字
版　　次：2008 年 3 月第 1 版　　印　次：2021 年 1 月第 3 次印刷
书　　号：ISBN 978-7-5621-3941-6
定　　价：58.00 元

本书如有印装质量问题，请与我社读者服务部联系更换。
读者服务部电话：023-68252471
市场营销部电话：023-68868624　68253705

西南师范大学出版社美术分社欢迎赐稿，出版教材及学术著作等。
美术分社电话：(023)68254657　68254107

序

郝大鹏

环境艺术设计市场和教育在内地已经喧嚣热闹了多年，时代要求我们教育工作者本着认真负责的态度，沉淀出理性的专业梳理。面对一届届跨入这个行业的学生，给出较为全面系统的答案，本系列教材就是针对环境艺术专业的学生而编著的。

编著这套与课程相对应的系列教材是时代的要求，是发展的机遇，也是对本学科走向更为全面、系统的挑战。

它是时代的要求。随着经济建设全面快速的发展，环境艺术设计在市场实践中一直是设计领域的活跃分子，创造着新的经济增长点，提供着众多的就业机会，广大从业人员、自学者、学生亟待一套理论分析与实践操作相统一的，可读性强、针对性强的教材。

它是发展的机遇。大学教育走向全面的开放，从精英教育向平民教育的转变使得更为广阔的生源进到大学，学生更渴求有一套适合自身发展、深入浅出并且与本专业的课程能一一对应的教材。

它也是面向学科的挑战。环境艺术设计的教学与建筑、规划等不同的是它更具备整体性、时代性和交叉性，需要不断地总结与探索。经过二十多年的积累，学科发展要求走向更为系统、稳定的阶段，这套教材的出版，对这一要求无疑是有积极的推动作用的。

因此，本系列教材根据教学的实际需要，同时针对教材市场的各种需求，具备以下的共性特点：

1. 注重体现教学的方法和理念，对学生实际操作能力的培养有明确的指导意义，并且体现一定的教学程序，使之能作为教学备课和评估的重要依据。从培养学生能力的角度分为理论类、方法类、技能类三个部分，细致地讲解环境艺术设计学科各个层面的教学内容。

2. 紧扣环境艺术设计专业的教学内容，充分发挥作者在此领域的专长与学识。在写作体例上，一方面清楚细致地讲解每一个知识点、运用范围及传承与衔接；另一方面又展示教学的内容，学生的领受进度。形成严谨、缜密而又深入浅出、生动的文本资料，成为在教材图书市场上与学科发展紧密结合、与教学进度紧密结合的范例，成为覆盖面广、参考价值高的第一手专业工具书与参考书。

3. 每一本书都与设置的课程相对应，分工较细、专业性强，体现了编著者较高的学识与修养。插图精美、说明图例丰富、信息量大。

最后，我们期待着这套凝结着众多专业教师和专业人士丰富教学经验与专业操守的教材能带给读者专业上的帮助。也感谢西南师范大学出版社的全体同人为本套图书的顺利出版所付出的辛勤劳动，预祝本套教材取得成功！

前言

景观，犹如人类的一面镜子，它的变化与发展折射出不同历史时期的政治、经济、宗教信仰、社会文明、生活方式、审美取向的变革……不同时代的景观焕发出不同的光彩，成为人类历史文化宝贵的艺术财富。

景观让我们见证了充满魅力的爱琴海和古希腊的建筑，看到了伟大的古罗马文化，走进了天方夜谭的伊斯兰的神秘花园，蕴藏着许多故事的巴黎圣母院，光彩依旧的文艺复兴景观艺术，展现东方文明巍峨的万里长城，秀丽的西湖风光，精致的苏州园林……这些景观都凝聚了不同地域人类创造的智慧，焕发出美的魅力与风采。

景观是一种艺术，它创造了优美的人类生存空间，给人们带来了舒适和美的享受，让人体验到那醉人的柳丝、沉绿飘红的荷塘、生机勃勃的丛林、荡气回肠的瀑布、千姿百态的鲜花，神秘深邃的大自然处处洋溢着美的光彩。景观是一种文化，蕴涵着丰富的文化积淀，陶冶了人们的情操，激发了人们的情感，叩击了人们的灵魂。古今中外的文人墨客对景抒情狂歌，写下了流芳万古的诗句，不断为后世传颂吟唱。景观设计是一门技术，必须有多方面的技术支撑，景观设计的创造不断推动着技术的变革，技术的不断变革使景观的形式得到不断更新。新时代的景观设计师应该担负着前所未有的责任，如何去建立一个融当今社会形态、文化内涵、生活方式，以及面向未来的更具人性化、生态化的人类的理想生存环境空间，这是一个景观设计师责无旁贷的责任与使命。

《景观设计方法与程序》是景观设计学科的一个重要基础课程，本书包括了景观设计的基本原理、景观设计的思维方法、景观设计的表述方法和辅助案例说明四大板块，教材内容的设定具有明确的针对性、应用性，能有效地培养高层次的从事景观设计的创造型人才。

由于本书侧重点和容量所限，景观设备及管理方面等课题未能展开论述，请参看相关专业资料。由于本人学识水平有限，本书中的谬误与不足之处尚望得到各方面的批评指正。

谨以此书献给为人类明天拥有美好环境而努力工作无私奉献的人们！

刘蔓　刘宇

目录

1 教学导引   1

第一章 景观设计的基本原理   4

第一节 景观设计的理论基础   4
一、景观设计定义   4
二、景观设计的实质目标   7
三、景观设计方法和程序的意义   12

第二节 景观设计的特征   13
一、景观设计的基本特征   13
二、景观设计的方法特征   13
三、景观设计的程序特征   13

第三节 景观设计原则   13
一、满足功能的设计原则   13
二、强调以人为本的设计原则   14
三、尊重与保护历史的设计原则   15
四、情感表达的设计原则   17
五、可持续发展的设计原则   17
六、导入城市整体环境观念的设计原则   18
七、具有独特个性的设计原则   19
八、满足技术要求的设计原则   19
九、满足适应性的设计原则   20
十、满足经济性的设计原则   20

第四节 景观设计的发展趋势   21
一、文化的融入   21
二、功能的复合   26
三、审美的多样   27
四、风格的多元   30

第五节 景观设计的类型   32
一、娱乐景观   32
二、休闲景观   34
三、教育景观   34
四、环保景观   35
五、旅游景观   35
本章小结   35

2 第二章 景观设计的思维方法　　36

第一节 把握景观中的环境　　36
　　一、理解景观中的环境　　36
　　二、把握环境中的景观　　41

第二节 把握景观中的要素　　42
　　一、景观设计的视觉要素　　42
　　二、景观设计的体量要素　　46
　　三、景观设计的尺度要素　　46
　　四、景观设计的质感要素　　47
　　五、景观设计的色彩要素　　53
　　六、景观设计的地形与地貌要素　　56
　　七、景观设计的道路要素　　57
　　八、景观设计的水体要素　　62
　　九、景观设计的绿化与植栽要素　　63
　　十、景观与城市雕塑要素　　66

第三节 把握景观中的设施　　68
　　一、场地内的休息设施　　69
　　二、拦阻设施　　69
　　三、照明设施　　70
　　四、服务设施　　71
　　五、候车设施　　72
　　六、娱乐设施　　72
　　七、广告设施　　73
　　八、文化设施　　73
　　九、无障碍设施　　74

第四节 把握景观中的形式　　74
　　一、多样与统一　　74
　　二、对称与均衡　　75
　　三、对比与和谐　　75
　　四、对比与微差　　76
　　五、比例与尺度　　76
　　六、主从与重点　　77
　　七、显示与掩饰　　77
　本章小结　　78

第三章 景观设计的表述方法　79

第一节 景观设计的基本程序　79

一、设计对象　79
二、设计流程　79
三、设计准备阶段　79
四、设计构思阶段　82
五、初步方案设计阶段　84
六、方案深化阶段　85
七、方案确定阶段　97
八、施工监理阶段　97

第二节 景观设计图解思考与图解表现　97

一、景观与环境的关系图解思考　97
二、景观设计图解表现　101
三、景观设计图解表现方法　105

第三节 景观设计的基本方法　107

一、宏观把握——采用大视角审视设计对象　108
二、确立理念——表达设计项目的独特理念　108
三、孕育创意——追求非常卓越的创意表现　108
四、图解思考——用图解方式不断深化创意　109
五、选择语言——运用恰当的视觉造型元素　109
六、巧妙借景——将现有景致纳入设计视野　110
七、设置景障——隔离遮挡乱象的不良景物　111
八、引导暗示——有效引导人的去处与方向　112
九、讲求韵律——营造扣人心弦的视觉美感　113
十、注重情调——着重烘托人性化审美情趣　114
十一、丰富景素——充分运用不同肌理的景素　116

本章小结　119

第四章 辅助案例说明   120

第一节 图解案例   120

一、场景的功能分析图例   120
二、空间的形式分析图例   121
三、空间的尺度分析图例   121
四、空间的轴线分析图例   122
五、空间的绿地分析图例   122
六、空间的形态分析图例   123

第二节 景观空间案例   124

一、都市景观空间案例   124
二、小区景观空间案例   125
三、交通空间案例   126
四、滨水景观空间案例   126
本章小结   127

后记   128
主要参考文献   128

教学导引

课程定位

随着经济全球化、多元化和社会信息化的推进，人居环境对人们生活的影响，使原有的城市形态及功能遇到了前所未有的挑战，人地关系失去平衡、生态环境遭到破坏、文化遗产遭到经济的挤压，大规模的城市建设逐步改变了城市原有的面貌，呈现在我们面前的是能源、资源、环境的危机。因此，为了维系城市的可持续性的良性发展，需要有新观念、高素质的环境规划人才，高层次的景观设计人才来维护和重建我们的家园。当前的挑战对景观设计教育提出了新的课题与要求，同时也使景观设计与职业教育的结合迫在眉睫。

景观设计教育是基于高校本科基础教育的必要性、市场的定向性和行业的针对性等因素而设置的一门课程，因而必须有一个明确的目标和系统化的培养计划，才能培养出既具有高素质内涵，又有创新能力的景观设计人才。

《景观设计方法与程序》的课程定位是建立在目前教育部已经开始增设景观设计专业与学科的基础上，作为实施景观设计教育的教材而编写的。

景观学是21世纪人居环境建设的一门引领学科，《景观设计方法与程序》则是景观设计学科的基础研究课程。教材内容的设定具有明确的针对性、实用性，能有效地培养高层次的创造型人才。本书从景观设计的基本原理、景观设计的思维方法、景观设计的表述方法三个方面来建构教学内容。教程的制定尽量体现其科学性、合理性和可行性，真正做到按需施教，凸显培养特定目标的教育特色。

主要内容

《景观设计方法与程序》涉及到景观设计的基础理论和应用领域，在内容的设定上主要针对高校教学目标中的设计教学内容，选择深入的理论基础教学内容和精炼的结构模式，推行有目标的教学方式。本书第一章景观设计的基本原理，介绍了景观设计的相关概念、实质目标、基本特征、设计原则、发展趋势、基本类型等基础理论；第二章景观设计的思维方法，讲述了景观的形态结构、空间构成、人的运动轨迹、景观的要素、景观中的设施、景观中的形式等；第三章景观设计的表述方法，重点讲解了景观设计的基本程序、图解方法与表现方法等。本教程侧重专业基础理论知识和设计方法与能力的培养。

教学目标

教学目标是通过本教程的有效实施，能够达到的阶段性的教学目标。能否达到目标取决于两个方面：一是任课教师的教学水平及对课程进度的把握与控制；二是学生的学习热情，能否调动学生学习的主观能动性，全身心地投入到课程的学习之中。

《景观设计方法与程序》教程的实施，以景观设计方法为主线，景观设计的基础理论为辅线，大量的实际案例为参照。教程的主要内容根据教学大纲，按单元式的教学形式来设置。不同的单元根据其内容有不同的要求，从理论学习到学习方法都有一个科学合理的教学模式，同时以景观学科的方法贯穿整个课程，分段分量地学习，掌握不同阶段的基本理论和不同的设计方法与技能。

在景观设计的基本原理一章里，要求学生掌握景观设计的理论基础、景观设计的性质与特征、景观设计的原则，了解景观设计的发展趋势、景观设计的类型，并采用多媒体进行案例分析，以及与基本概念讲授相结合的方法，使枯燥的理论变得形象生动，以由浅入深、循序渐进的教学模式，使学生容易接受和掌握。

在景观设计的思维方法一章里，主要是理解景观中的环境与环境中的景观，理解景观中的要素与形式，让学生主动思考问题和学会思维方法。本教程运用了大量的图片，对优秀的设计作品做大量的引导学习，从大师的设计作品中去获取知识，直接感受设计作品的价值。教导学生如何欣赏是本教程的一个突出特点。

在景观设计的表述方法一章里，需要学习景观设计的基本程序、景观设计图解思考与图解表现、景观设计的基本方法。在整个学习过程中，不要求学生能全面深入地掌握景观设计技巧，但必须掌握设计中的基本设计技巧、设计的表现语言，使学生具有较好的判断能力、独立的思维能力及一定的应变能力。

作为景观设计专业的高校本科教育，要培养出拔尖创新的设计师必须注重专业理论、专业表现和专业实践为主体的综合能力的强化，所以教材应该做到具有科学性、合理性、可行性、针对性，从培养高层次的创造性人才出发来拟订的课程才能达到预期的教学目标。

能力目标

要培养高等技术应用型人才，就必须选用科学的教学方法，通过教师讲授、多媒体的教学辅导、市场调查、课题讨论、单元练习等教学方法来培养学生掌握知识的能力、运用知识的能力和职业技能。

能力的培养主要注重以下几个方面：

提出问题的能力。设计是以问题为导向的研究性工作。有价值的问题绝非是没有目标的设计能够做出来的。在繁华的都市后面，面对日益紧张的城市土地，人们将如何进行归纳和分析？如何改善人与环境的关系？能给未来留下什么样的景观文化？这些答案都是需要寻求的。只有不断地提出问题，才有可能推翻一些很不成熟的想法，让设计更具有客观性和合理性。

分析和研究问题的能力。面对一大堆的问题，有了一大堆的思考，也关注了众多的社会问题……必须经过深入而反复的分析和研究，找到符合实际情况的设计理念，才能总结出许多新的设计原则，我们的设计作品才有生命力和说服力，才能与时俱进，面对快速发展的城市。

获取知识的能力。采用教师主导与引导学生自学相结合的学习方法，充分发挥学生学习的主观能动性，注重知识的形成过程和知识的实用价值。教程是以教师讲授和多媒体教学辅导的方法来实施的。教师讲授让学生掌握基本知识和基本观点，引导学生有一个正确的学习方法。多媒体教学辅导的形式，更直观地提高学生分析问题和判断问题的能力，优秀的图例和视觉的强化有利于学生获取知识与促进知识更新，为学生的不断发展和终身学习打下良好的基础。

掌握知识的能力。掌握知识的能力是指人在社会实践活动中运用所学到的知识去分析问题、解决问题的能力。这种能力主要是通过大量的市场调查、案例分析和课堂教学来实现。《景观设计方法与程序》是与市场紧密联系的一门学科，它包括了市场的需求、人们的心理分析、设计材料的不断更新、设计手段的不断变化等。学生从市场调查中树立一定的市场观和价值观。通过课堂教学激活思维，调动学生的学习积极性，帮助他们挖掘创造的潜能。在教学过程中,可采用老师和学生互动的学习方式,在相互探讨、表达创意的过程中,让他们自己做出判断,这样利于创新意识与创造能力的培养,学生才能从被动的接受知识转化到主动的去探讨知识。

掌握表现技巧的能力。通过单元性的教学练习达到表现技巧能力的培养。在单元性的练习中会遇到许许多多设计上的问题,如尺度、空间、体量、材料、结构……可选择命题性的景观空间进行分析和研究,作具体的能力训练,运用所学的知识确定一个明确的学习重点,从大量的草图到初步方案的建立,到方案深化的掌握。

教学时段

《景观设计方法与程序》作为环境艺术设计的必修课,在学时的设定上应不少于48学时(每周12学时),课外教学为92学时~144学时,此课程安排在二年级上学期或下学期比较适宜。

本教程可根据一个设计课题,分为四个单元来完成。课题的选定由教师确定,用12学时学习景观的基础理论,掌握景观设计的基本概念;用12学时学习景观设计思维方法,通过案例的分析来研究设计方法;用12学时来研究景观设计的程序,有计划的进行学习;用12学时学习景观设计表述方法,用图解的形式来掌握设计方法,使学习内容更具体、更合理。本教程可作为四年制环境设计专业的本科基础教学,也可作为三年制的专业基础教学。

教程实施

针对高校景观设计人才的培养,《景观设计方法与程序》详细地讲述了景观的基础理论、景观的性质特征、景观设计的原理、景观设计程序、景观设计方法、景观设计的表述等课题的研究、课程的实施和目标的培养,因此教学部门可以把本书作为教材直接运用于建筑学专业、城市规划专业、景观规划设计专业、园林专业、环境艺术专业的大学本科学生,以及从事景观规划设计及其相关行业的专业人员的基础教学课程。

教师使用本教程,可以有效地规范任课教师的教学行为,以一种科学合理的方式进行教学,有利于教学质量的保证与提高。

本教程对教学目的、学习方法、学习手段都有完整的介绍,学生可以合理地、有效地学习,容易把握。对于本教程,学生有很大的自学空间,同时本教程也介绍了课外需掌握的其他相关知识,在本教程的引导下学生可以了解更多、更丰富的相关知识,为学生在课余时间的学习起指导作用。

第一章 景观设计的基本原理

●景观设计方法与程序

/全国高等院校环境艺术设计专业规划教材/

　　景观设计原理在景观设计中是非常重要的理论知识，是创造和实践的基础，是引导我们设计行为的方向与准则，必须牢固掌握。任何一个优秀的景观设计师，都必须具有扎实的理论知识。而对于景观设计的初学者而言，只有掌握景观设计的基本理论，才能驾驭所面临的一个庞大、复杂的景观设计课题。这一章里分景观设计理论基础、景观设计的实质目标、景观设计原则、景观设计的发展趋势、景观设计的类型五个方面论述。

第一节 景观设计的理论基础

一、景观设计定义

（一）景观

　　景观（Landscape）的定义实在太多，不同的国家和不同的人群都对景观有不同的定义。笔者认为，所谓"景观"就是人对大自然中景的观赏，景是万物的形态、形式，其内涵包括土地、空间、植物、地貌、天象、时令等物质所构成的综合体，是人类活动与万物之间交流的一个平台。景观的构成要素分为自然构件和人文构件。自然构件是指非人力所为或人为因素较少的客观因素，人的意志较少发生作用。人文构件是指根据人们的需要而人为创造的人工因素，如各种历史文化建筑、公园景点、公共艺术等。

（二）景观设计

　　景观设计（Landscape Design），是人们对景观进行有目的的规划设计活动，其主要目的是改造与保护环境、承传历史、不断创新以改变现状，终极目的是满足人们的精神需求和物质需求。

　　景观设计的内涵及范围极为广泛，形式

景观是人对景的观赏，是人类活动与万物之间交流的一个平台。
《城南驿站景观》 刘宇设计

也千变万化、无穷无尽，广义上讲分为自然景观设计和人文景观设计。从空间的角度来说，它包含一切可以感知的行为空间，如城市广场、街道、社区、公园、河岸、景点、集会等人群集散场所，室内的厅堂、室外的庭院、花园、草坪等；从景观设计的角度来看，景观设计可分为软质景观设计和硬质景观设计，软质景观设计包括对花草树木、水体、阳光、空气、风和雨水等的设计，硬质景观设计包括对景观建筑，地面铺装，界定领地的围墙、栏杆等的设计。

景观设计在某一区域内是一个由形态、形式因素构成的、较为独立的，具有一定社会文化内涵及审美价值的景物。因此，它必须具有两个属性：一是自然属性，它必须作为一个由光、形、色、体构成的可感因素。二是社会属性，它必须有一定的社会内涵，有观赏功能，能改善环境及具有使用功能，并可以通过其内涵，引发人的情感、意趣、联想、移情等心理反应，即所谓的景观效应。

（三）景观规划与景观设计

人们从未停止对自己所热爱的城市的关注，无时无刻不在对当前环境进行改善和建设，因此景观规划和景观设计工作者肩负着促进社会、文化、生活品质提升的重要职能。理想的规划和设计能为人们的各种社会活动提供理想的场所与空间设施，创造资源、信息、物资流通等物质条件与生活便利。景观不仅可以推动城市及周边地区的发展

《远离自然》（意大利）丹尼尔·施帕里设计。景观设计通过改造，满足人们的精神需求和物质需求。

和进步，而且作为城市环境，以其特有的文化、社会和经济背景，还可满足人们多样化的生活需求和多元化发展的需求。所以城市的发展、完善在社会机体的运作中起着举足轻重的作用。城市环境的建设必须与人类的生活、工作相连，与时代的发展同步，只有这样才能使当代生活体现时代精神，使时代精神贯穿当代生活。

飞速发展的时代，城市人口空前增长和集中，市民文化素质将进一步提高。土地需求的白热化状态，以及城市功能的高度集中化和现代化，工业时代城市的稳定、社会结构和传统职能均将被打破，许多新的课题应运而生。城市人口的高速增长带来的一系列社会问题，城市组团密集导致的城市结构系统扩张，城市为向三度空间的发展所期待的新环境研究，城市住宅的高密度和多样化要求提出的新内容、新形式等课题，对景观的设计与规划提出了更高的期待和要求。

城市环境的建设不但要保证人类生存发展的物质条件，还要使人们在心理上、精神上达到平衡与满足，这二者是相辅相成、互为作用的，缺一不可。城市景观应是人类的精神和理想在物质环境与自然环境中的具体体现，是精神的物质化。景观规划除了相关的社会经济因素，还应侧重精神功效和美学体验，这其中含有时间与空间、文化与物质等多重层面的内容。景观规划更注重对自然和人文发展的研究，促进人与自然的融合。

1. 景观规划

无论是区域景观、广场改造、街区拓建，还是园林建设等都要首先考虑城市整体环境构架，研究他们的现在与过去、当今与未来、地方与彼邻的差异与相同、变化与衔接等。景观规划立足科学，最大限度、最为合理地利用土地、人文和自然资源，使人与环境彼此建立一种和谐均衡的整体关系。

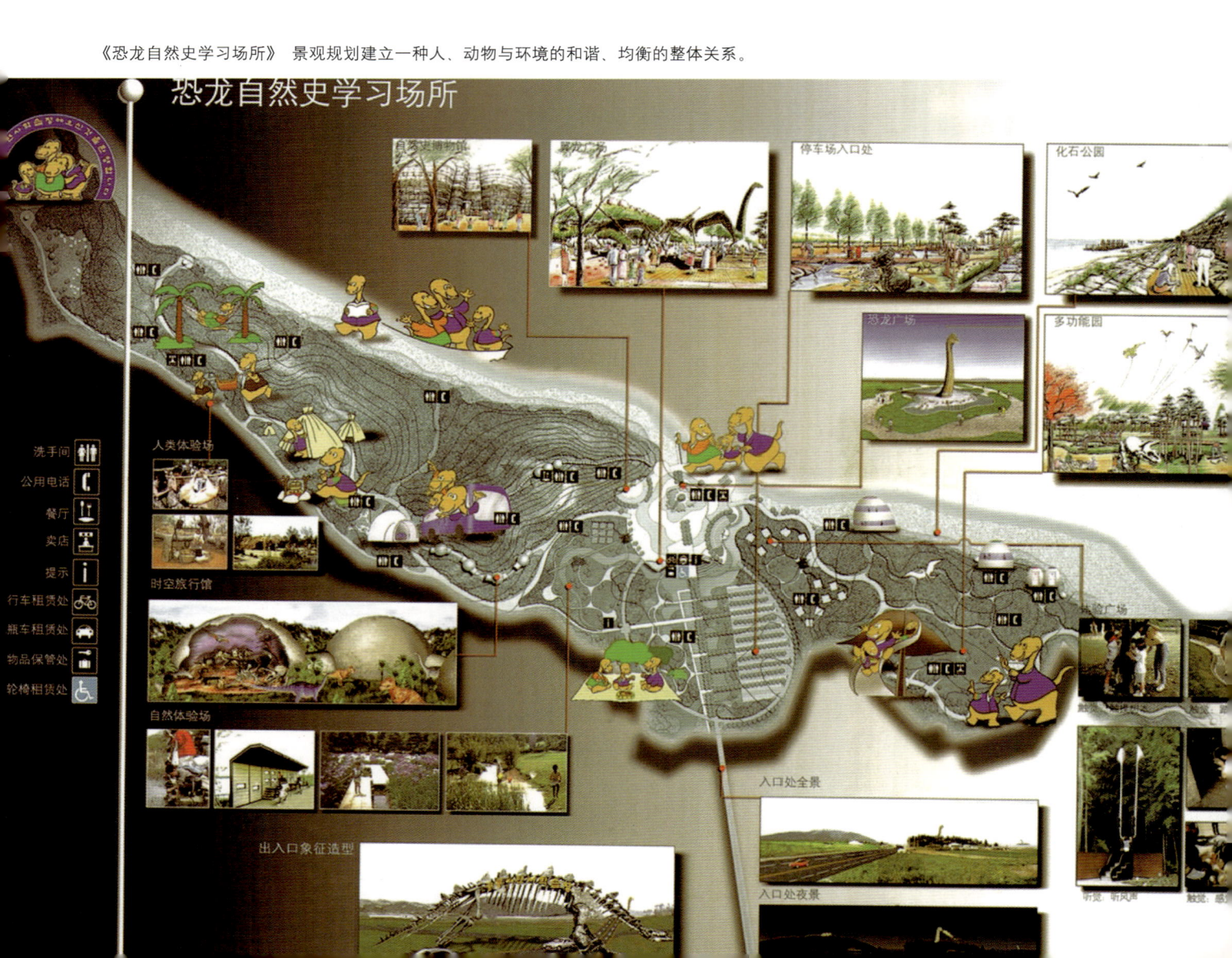

《恐龙自然史学习场所》 景观规划建立一种人、动物与环境的和谐、均衡的整体关系。

2. 景观设计

景观设计是解决某一个特定的环境里景观与人的相关问题，包括土地、水体、植物、阳光等的合理设计。景观作为城市的特殊景象，一直以来备受人们的关注和喜爱，散发着独有的诱人魅力。

《武藏野研究开发中心》（日本） 景观包括土地、水体、植物、阳光等的合理设计。

二、景观设计的实质目标

景观设计的实质目标，是为了创造一个更能适应人们生活各方面需要的、丰富而多元化的、科学健康的生存环境。"最大限度地利用土地资源，最为合理地利用人文资源和景观资源。并依据自然、生态、社会与行为等科学的原则从事计划和设计，使人与环境彼此建立一种和谐均衡的整体关系。其次是技术和艺术，通过实地创造，以较小的代价获取尽量高品位的城市环境……"（摘自于正伦著的《城市环境艺术——景观与设施》）。

今天，生活环境的优劣是衡量一个国家或地区文明进步的一个重要标志。景观设计师有责任和义务通过景观的设计提升生活环境的品质，给人带来最大限度的精神享受，这就是景观效应的精神功能。景观效应是指审美客体——环境，与审美主体——人发生的相互感应和相互转化的关系。效应的震撼力的大小取决于两个方面，一是人对环境的作用，二是环境对人的作用。

（一）人对景观的作用——保护与创造

1. 保护

保护就是人们为获取适宜的环境，对景观中有价值的传统文化景观加以保护和发展。由于不同区域的民俗、宗教、政治等相关社会因素的影响，构成了丰富多彩的传统文化景观，这些需要有意识地挖掘和维护。

2. 创造

创造指人们对原有环境的更新或建设新的景观环境。以最小的代价获得最大的环境景观效益，意味着最大的创造。创造，我们必须基于对环境慎重研究为前提，尊重历史、尊重环境、激发环境的活力，并适于未来的发展。

保护与创造是相互关联的，过去的文化遗产必须加以保护，今天美好的环境必须努力创造。保护和创造、继承与发扬，这是景观设计必须同时坚持的两个方面。

《林中画廊》景观运用消失的三叶虫的创造唤起人们对大自然的保护。（英国）威尔弗雷德·卡斯和珍尼特·卡斯设计。

（二）景观对人的作用——亲切感、秩序感、认同感、新颖感、文化感

人是景观构成的主体，景观必须通过人来加以改进和创造。人也是欣赏景观的主体，任何景观都要由人来接受、认知、理解、欣赏、享受和批评才有价值。环境对人的作用实际上是用适合的方法解决景与情之间的关系，自古就有"情景合一"之宏论。情与景相互感应，同时也相互转化。景物可以打动人的情思，可以触动人的灵魂，人的情绪也可以借助景物加以抒发。当景观设计师在对景观进行创造时，他们也创造了人类的文化，抒发了人们的情感。当情与景高度统一时，则达到意境。

景观不仅要造"景",也要着眼于造"境",更要注重造"情"。造情则要根据社会公众的需求、人们的文化水平、地域或民族的心理特征、审美能力、审美兴趣、心态等方面进行分析,着眼于"身之所容、目之所瞩",使人在观景时具有亲切感、秩序感、认同感、新颖感、文化感。

1. 亲切感

景观给人带来亲和、休憩、舒畅、轻快等心理感受,有浓郁的人情味和审美情趣,使人愿意在其中信步流连,忘却一切不快和烦恼,从而心身的疲惫得以解除。在功能设置上无时无刻都显得细心、周到,每一个空间都为您而设计,随时等候您的到来,体现一种无微不至的关怀之情。

2. 秩序感

人们在心理上总是厌恶杂乱无章,追求一种井然有序的布局。景观设计通过人与自然的巧妙融合,给人的行为方式造就一种不经意的、有良好导向的秩序感。当这种秩序与人的行为及感情产生共鸣与和谐时,景观设计的内涵才会让人们得到充分体验。人在景观中漫步行走,通过小径、亭园、楼台、溪流、花草树木、小景中错落有致的布局,曲折有序的展示,在心理上激起感情共鸣,获得一种审美的满足。

3. 认同感

不同的人群总是在潜意识里认为自己归属于某一个区域或场所和这个地方的文化。这就是人们对环境的认同感,包括特定的环境是否能体现特定的政治文化内涵,区域的独具个性的文化传统是否表达特定的民俗审美心理、领域的明晰等诸多方面的因素。如天安门广场升

《远离自然》（意大利）丹尼尔·施帕里设计。

《城南驿站景观》刘宇设计。有的通道杂乱无章,秩序建立了一种井然有序的布局。

国旗的场所,当国旗升起时,每个人都会感到肃然起敬,祖国的庄严、民族的自尊在这里得到体现,通过国旗标志杆这一特有的景观,使人产生心向祖国的向心力,爱国主义精神在这一环境中得到了认同。

4. 新颖感

人们在心理上总是不满足于单调的事物,常常喜欢求新、求异、求变,追求多元丰富的生活,因而喜新厌旧成为一种持续的心理驱动力。同样,对于景观感受总是要求变化多样、独具一格、个性鲜明,非同一般,只有具有明显的差异性和新颖性,才能使景观脱颖而出,产生巨大的魅力与吸引力。

《PARKING GARAGE》(美) Helmut Jahn 设计

《林中画廊》景观(英)威尔弗雷德·卡斯和珍尼特·卡斯设计。口袋人讲述一个外星人的幻想。

5. 文化感

文化感包括隐性文化和可视文化。隐性文化表现为一种整体性和文化的综合性，它有意识地把文化注入景观设计中，能赋予景观一定的文化内涵，表现在怀旧文化、民俗文化、传统文化、宗教文化等许多方面。可视文化指人们可以通过直观的形式来感受这种文化，如建筑壁画、石头书写文字、人造瀑布和喷泉、街头书亭、博古架、棋牌角、雕塑公园、纪念性雕塑等。

三、景观设计方法和程序的意义

景观设计的价值体现在能改善人类生活空间状态的环境质量和生活质量。任何社会形态的国家和地区的改革、发展都应将改善民众生活的空间质量和生活环境的问题纳入总体战略之中。

景观设计通过人们对自然进行有目的的改造，使人类与生存环境更好地交融在一起，达成共生共荣的和谐状态。景观设计的一个重要动机就是利用环境使人类能更为充分地享受环境，从中获得满足，从而带来社会效益与经济效益。环境的发展熏陶了人的精神品质，这就是精神文化在景观中的作用。美好的环境可以调节人的情感与行为，幽雅、诱人的环境使人愉悦、欣慰、满足，充满生气。合理的空间尺度、完善的设施、喜闻乐见的景观形式，为人们提供了更为美好别致的活动空间，让人更加贴近大自然，贴近快乐的人生。

设计作为一种解决问题的学问必须讲究方法，正确而有效的设计方法才能更好地推进设计进程，达成设计的终极目标。景观设计有其自身独有的设计方法，能有效地提供解决景观设计的途径。其重要意义在于以下四个方面：

1. **有利于设计方案的科学确立。**

景观设计是一个复杂而庞大的系统工程，科学而合理的设计方法有助于设计师紧紧把握设计的根本方向，确立设计项目的科学定位与基本设计意念，去伪存真地提炼出设计的主题与创意方向，避免设计目标偏离，从而确保设计方案高品质地形成。

2. **有利于设计方案的优化选择。**

与任何设计过程一样，景观设计方案的产生过程也是通过寻找、探索、研究、交流、深化的一个循环往复，不断地否定和提升、优化方案的过程。科学而合理的方法能帮助我们在这个过程中最终确立一个最佳的设计方案。

3. **有利于设计方案的有效实施。**

景观设计的最终方案产生以后，其实施是一个庞大而复杂的系统工程，方案的实施能否得到有效保证，必须运用一整套完善的方法、措施与规范的管理，有计划、有步骤、有序地推进，才能确保景观项目高标准、高质量地顺利完成。

4．有利于设计语言的完美表达。

卓越的设计意念和创意表现依赖于适当的设计语言的表达，运用科学合理的设计方法能帮助设计师通过图解、说明、符号来完善设计理念，选择恰当的，具有独特表现力的设计语言，使设计意念和创意表现得以充分而完美的呈现。

第二节 景观设计的特征

一、景观设计的基本特征

景观设计是一个从有目的的计划到实现计划的过程，是一种设计活动，它通过科学合理的设计方法和设计程序来解决设计中面临的诸多问题。

景观学科的建立能够科学合理地整合土地资源，有效地解决能源匮乏、环境危机，使生态可持续地发展，以及解决民族文化被蚕食等一系列重要的社会问题。

二、景观设计的方法特征

景观设计的方法就是为达到特定设计目的而采取的科学合理的途径、步骤、手段等。选择并运用正确的方法可以让设计师更快、更准确地认识景观、分析景观、体验景观，了解景观设计中面临的一些问题，从而找到和运用解决问题的合理方法，确保景观设计项目有效地确立与实施。

三、景观设计的程序特征

从景观设计专业的性质来说，它是一个社会服务性的产业，景观设计师必须为业主提供极为专业的一系列服务，其重要的是提供卓越的设计意念、准确的设计定位、完美的创意表现、精致完善的设施，以及减少不必要的投资浪费，使项目得到可持续的发展，造福于人类。

所以景观设计的程序是确保服务的职责更为专业化。科学合理的程序必将推动景观设计整体有一个全面而系统的计划和精细的操作程序，这就是我们学习景观设计程序的目的。（在第三章节里有详细的叙述）

第三节 景观设计原则

一、满足功能的设计原则

各种形态各异、风格不同的景观遍布于人类社会的每个角落。由于人们生活的日益多样化和信息情报越来越迅速、快捷，同时也随着建筑环境类型的差异，景观的空间形态、空间特征都必须满足使用功能要求的设计原则。不论景观空间是什么形态、什么类型，不管其文化背景如何，体现什么样的文化品位，所构建的空间大小、空间的形式、

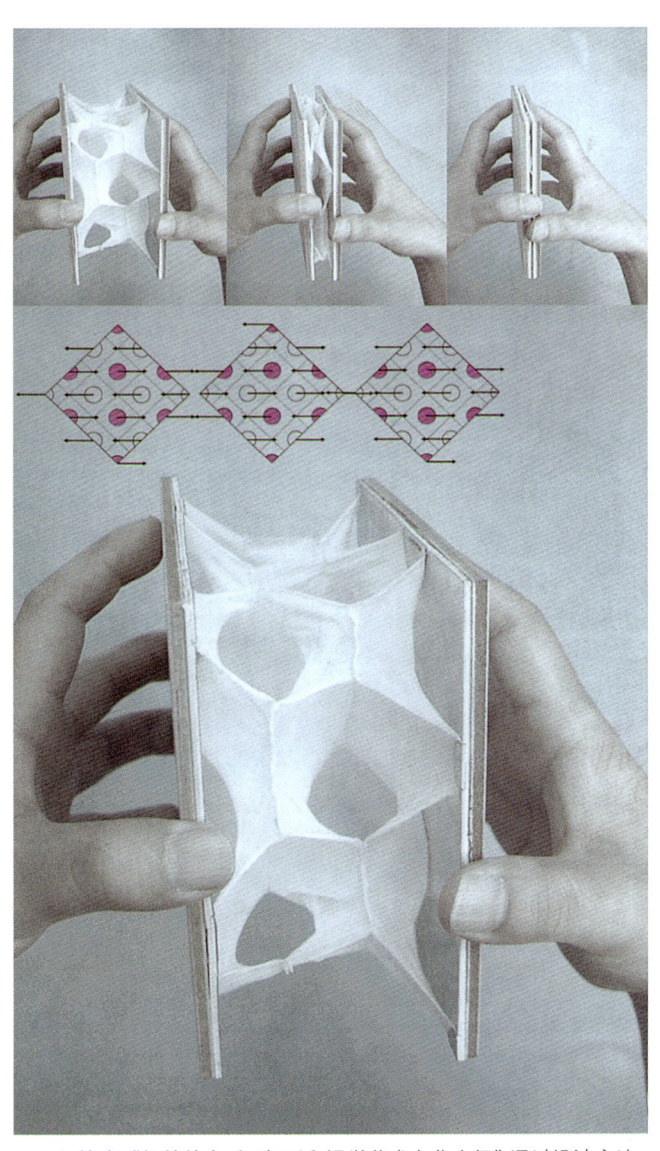

（比利时）《根特的音乐、舞蹈和视觉艺术文化广场》通过设计方法和设计程序来解决景观环境中的诸多问题。

空间的组合方式都必须从功能出发。注重景观空间设计的合理性已成为重要的设计前提。

由于科技的进步、人们观念的变革、交流的广泛、信息的迅速发展，人们对景观的要求愈加多样化，使其在功能上不断地完善、细化，在形式上也呈现出不断消亡和产生、更新与变异、主流与支流的交替变化中。

不论景观如何发展、变化，其基本的构成要素是相对稳定的，有一定的法则与规律可遵循。任何一个景观环境都应满足一定的功能要求，有一定的目的性，这样的景观才有其存在的价值。（关于景观的功能在下一节里有详细的叙述）

二、强调以人为本的设计原则

以人为本的设计原则就是充分尊重人性，充分肯定人的行为及精神需求，遵从和维护人的基本价值。

以人为本的设计原则是一个景观设计师必须具有的基本素质。设计师如果没有深厚的人文素质与修养就不可能有崇高的人生境界，也就不可能创造出具有崇高艺术意境的设计作品。

作为人类精神活动重要组成部分的景观设计，应该是通过设计作品展现委托方及设计师的社会伦理、道德追求、价值观念和意识形态，以及景观的历史内涵、美学情趣等，体现出一种崇高的人文价值和精神的创造，正是这种价值和精神才是优秀景观设计的真正魅力所在。

优秀的景观设计不但要具备实用功能，同时也要体现精神功能，而正是对人类精神创造和人类价值思想的维护，才有可能使作品成为经典，流芳百世。

当今时代的要求已使景观设计远远超出了它的物质功能，它要求景观设计成为贯穿历史、体现时代文化、具有较高审美价值的精神产品，包括文化价值和道德价值的体现。科技与艺术的结合促进了整体环境的文化发展。

以人为本的设计思想是体现时代文化的核心，这无论对于景观的再现还是当代社会的经济、文化来讲都是如此。

中国南宋时期所建造的杭州西湖就是一个优秀而典型的景观设计案例。在一千多年前，人们建造西湖的主要目的是为了防御水患，利用水资源进行农业灌溉，所以建造了今天我们看到的这个大体量的人造景观。经过岁月和文化的演变，西湖更加融入自然，更加美丽。幽静的湖岸、绿色的垂柳、湖面的微风、充满诗意的苏堤，许多文人在这里写下不朽的诗篇（南宋就形成了"西湖十景"：平湖秋月、苏堤春晓、断桥残雪、雷峰夕照、南屏晚钟、曲院风荷、花港观鱼、柳浪闻莺、三潭印月、双峰插云）。不少画家在这里留下千古的文墨（如《南巡盛典》的平湖秋月）。以人为本的西湖已经由一个实用性的景观变成一个文化景观，从西湖景观设计中我们得到的不仅是自然资源，同时也是很好的文化资源。

西湖南边的"三潭印月"

三、尊重与保护历史的设计原则

景观是人类社会发展与进步的产物,同时也是一种历史文化现象,不同的历史阶段都在历史的进程里留下了辉煌的景观文化。延续历史的同时,也唤起了一段文化的记忆,在这段消失的真实里,我们能触摸到当时城市的历史、社会,人们的思想变迁、生活状况,它见证了人类生活文明发展的历程。今天,保护历史文化遗产已成为建设现代化城市的重要内容。有着源远流长历史的许多欧洲国家都把保护历史遗迹写进相关的法律中,因而使许多重要而珍贵的历史遗迹得到了有效的保护,为子孙后代留下了宝贵的文化遗产。

现在,人们喜欢从中世纪的古镇里去寻求那久远的朴实,从修道院单调的咏唱里去寻求那精神的安宁,从城市广场钟楼的钟声里去感受那种和谐的生活方式,从那平淡自然的石板路上去享受那段幽雅的生活。历史文化代表着一种独特的艺术成就和独有的自然风情,景观的贡献就在于它能尊重、保护历史和发展历史文化。

中国是有着几千年文化的文明古国,给我们留下了丰富灿烂的文化和具有美学价值的、独有的历史文化遗产。它具有极大的震撼力和激励力,人类能从传统中直观自身的天性,尤其是有叶落归根、尊祖、崇祖的民族习惯的中国人。

历史文化是一个民族的精神支柱,可以提高国民的文化品位,增强民族的自豪感,激发爱国主义热情,提高国家文化形象。作为现代人,对传统文化的珍惜,就是对民族历史的尊重,也是对自己的尊重。

北京北海的"九龙壁"

保护历史景观文化是城市发展的基础，一个失去历史文化记忆的城市是悲哀的，一个失去传统文化的民族是苍白的，一个失去个性的文化景观是平庸的。特色的景观是以文化为基础的，城市的魅力在于是否有特色景观，城市的内涵在于文化的差异性，即个性，它可以超越国界，让人类共同来保护和享受这笔财富。

中国拥有世界历史文化遗产30项，居世界第3位。我们应该对历史景观文化以高度的尊重与珍爱。历史交给我们沉甸甸的责任——在保护好历史文化的基础上，发展历史文化，创造新的辉煌。

尼姆市卡里艺术中心在城市发展的同时，保护了几千年历史文化的罗马庙宇。

闻名于世的著名景观公园苏州留园，占地约两公顷，为苏州四大名园之一，是一座非常小巧而且精致的园林。清嘉庆时刘恕改建，经清太平天国之役，苏州诸园多毁于战争，而留园独存。全园以廊为脉络，携风月亭榭、奇石清流、佳木异卉，形成各具特色的大小庭园。园中有园、景中有景，令人流连忘返，充分体现了古代造园家的高超技艺和卓越智慧。它吸引了无数文人墨客，至今游人不绝。它靠的是什么？靠的是历史文化。它为苏州这座城市树立了品牌和个性，同时也为苏州的城市发展奠定了基础。

留园的"清风池馆"体现了江南园林在景、水、建筑、奇石的设计上达到了很高的境界。

四、情感表达的设计原则

在研究景观的使用功能时,我们不得不涉及视觉上和情感上的心理功能需求,人的行为是可以通过环境的媒体加以激励、强化的。

景观对人的激励作用即调动人的内驱力,发挥人的创造潜能,产生积极主动的行为。它能增强人的自信心,使自己受到社会的承认,显示自己的价值。同时环境也能给人以启迪,通过环境的改造,利用好的景观设计来促进人们的参与感。景观可以引导人们情绪的转唤,起到积极向上的作用。

传情达意是景观设计的一条重要设计原则,景观设计师有责任和义务通过景观设计,把具体的人与具体的场所联系在一起,给人带来最大限度的精神享受和场所的认同感。

景观设计应该赋予我们所处的物质世界的精神归宿。通过情感媒介创造出的特有的空间,无论其内外都能够让人感受与思考,唤起人们内心深处的幻想,从而为人们建立起视觉上的享受和精神上的愉悦,这就是我们设计的最高目标。

景观情感空间是通过人们的审美体验,与人发生直接的情感诉求,从而凝聚不同的情感内涵;通过情感化和人性化的空间塑造与渲染,使其充满特定的文化内涵;把抽象的情感通过景观的抽象符号,转化成可被感动的视觉语言,以传递情感,表达景观的文化内涵,并产生共鸣。例如:2002年刘宇设计的成都南沿线开发的小区——城南驿站,通过适宜的景观表现手法将城南驿站设计成多层绿化景观;注重把握不同空间的尺度要求;注重体现生活的本质——修身养性、生态健康;注重运动环境的舒适与自然。此设计为人们提供了一个四季舒适、人性化的、可供交流的生态景观——自由流动的小鱼儿引领人们对自然的向往,在情感上对环境的依恋。这种可参与性的设计收到了很好的社会效益。

五、可持续发展的设计原则

可持续发展的设计思想是在1980年3月由联合国向全世界发出的呼吁:"必须研究自然的、社会的、生态的、经济的以及利用自然资源过程中的基本关系,确保全球的可持续发展"。

景观设计可持续发展的设计原则,就是我们设计的景观不仅要着眼于现在,而且要着眼于将来;不仅要使我们这一代受益,而且要使下一代受益。

近几十年来,由于人类对生态平衡、自然资源的可取度等功能问题缺乏认识,在社会发展的进程中,给环境和资源带来了灾难性的破坏,造成严重的生存危机。有的人为了短期的利益而乱砍滥伐,水土大量流失,自然资源遭到严重破坏,导致了我国在长期发展过程中存在着重大的制约因素和潜在的危机,包括经济的、社会的、资源的、环境的严重脱节。

今天,随着新世纪和新时代的来临,人类一方面在深刻的反省中重新审视自身与自然的关系,重新建立人文生态与自然生态的平衡关系,以图重建已遭破坏的家园;另一方面,新时代的来临使人们更加需要建立一个融合当下社会形态、文化内涵、生活方式、面向未来的生存空间,并且它必须是更具人性的、多元化的、可持续发展的理性环境生存空间,这是时代赋予我们景观设计工作者责无旁贷的责任和义务。

《城南驿站景观》刘宇设计

可持续发展的设计原则就是要构架城市生态走廊，实现景观的可持续发展，体现在以下几个方面：

1. 保护自然生态环境，保护历史文化的设计原则；
2. 废物可转换和再利用，废物最小化的设计原则；
3. 最大限度地利用自然资源，更新现有环境资源的设计原则；
4. 强调景观的个性，促进自然循环的设计原则；
5. 增加景观异质性，保护生物多样性的设计原则。

六、导入城市整体环境观念的设计原则

城市整体环境观念包括以下三个方面：

（一）城市

城市承载着人们生活所必需的各种物资条件和生活便利，是人们工作和传播信息的载体。

（二）环境

环境是满足人们生存发展中物理及心理方面的需求，寻找人们心理和精神上的平衡和满足。由于每个城市有不同的文化习俗、社会发展状况、经济背景，所以环境的形式和文化内涵也有很大的差异。

西班牙的加维亚公园

（三）城市景观

城市景观是人类精神在城市环境的具体体现，它反射出人们在城市发展中不断创造和经营的结果。人们通过视觉作为路径来连通城市景观和人的情感，城市景观通过一定的形式切入到城市生活的各种活动之中。城市景观更注重功效和美学，包含时间和空间、文化与个人、历史与现在等诸多层面上的内容。

景观设计应最大限度地利用土地资源，最合理地整合人文景观和景观资源，以自然环境、生态环境、社会发展和人们的行为为依托，建立人与环境彼此和谐、均衡的整体关系，所以景观设计必须导入城市整体环境观念的设计原则。

日本东京

比利时布鲁日展亭

八、满足技术要求的设计原则

材料是我们表达设计理念的手段。运用不同材质的组合和技术加工,创造不同风格的文化空间,除了满足施工的技术要求外,还要满足物质环境的技术要求,包括声音环境、采光系统、采暖系统、消防系统……这些都是为景观营造某种文化氛围以及创造舒适的物理环境而设置的,所以景观设计必须符合以上要求。

日本东京

《Overall Biew》(美国)Helmut Jahn 设计

七、具有独特个性的设计原则

独特个性的景观设计是环境规划的生命,景观设计的特色是景观发展取胜的重要因素。艺术的魅力不是千篇一律,景观设计也需要打造与众不同的文化。人们希望在不同的场所感受新的环境文化,所以景观的个性化显得尤其重要。缺乏风格和个性,没有文化内涵的环境不可能引起人们的认可,讲究品位的人们不会常去一个没有个性与品位的环境休闲,也不会把大好的时间花费在一个平庸、乏味的环境之中。景观设计应突出环境的特色,突出个性特征和设计理念,并把握好人们的心理需求。

九、满足适应性的设计原则

景观设计离不开社会环境，社会环境和社会条件是景观赖以生存和发展的基础。一个地区的不同民俗、不同地理环境都将影响景观设计的风格，所以景观设计必须满足社会的适应性原则。

景观设计的适应性原则体现在对社会环境的依赖性。社会环境受到周边环境、民俗风尚、民族习惯、宗教信仰、地理气候，以及人们生活习惯等的影响，所以景观设计必须满足社会环境的适应性原则。

有创意的景观设计要经得起时间的考验，经得起人们不断变化的审美要求，经得起人们的批评。但是再好的文化创意空间，如果一成不变，时间长了人们总会感到厌倦、枯燥、乏味。人们对这样的空间环境就可能熟视无睹——当一个环境失去了她的魅力的时候，这个环境也就会随之消亡。

《美国地铁》Helmut Jahn 设计

十、满足经济性的设计原则

景观的实施需要有经济的保障，需要有很大的费用投入，不加以科学合理的规划和严格把握势必会造成很大的浪费。经济的原则性来自两个方面：一是投资必须考虑到是否必要，主要是指投资的合理性；二是投资是否能够有回报的可能，避免投资的盲目性。投资应该着眼于长期，是否可持续发展，造福于后代等。

第四节 景观设计的发展趋势

一、文化的融入

景观文化的发展进程是一个国家、一个民族的发展史中不可分割的一部分,任何一个地区和民族的景观文化都与其经济发展和文化背景息息相关。

不论是中国或是世界各国,文化的形成和演变都与人类的生活紧密相关,它往往涉及经济活动、宗教信仰、人类迁徙、自然条件、民族文化、地理环境、气候变化,甚至旅游等,都影响着景观文化观念的变化和发展,从而也使景观文化更加丰富多彩。

随着社会的发展和人们精神文化的提高,追求个性化、多样化的景观环境已形成一种风尚。市场定位和设计定位表达了景观为什么而存在的使命。通过一些具体的艺术形象进行传达,文化内涵便成了整个景观设计的灵魂。

只要人们走进环境里去,就会被个性具有鲜明主题的景观文化深深地感染、陶醉,所表达的主题就能从空间的界面里渗透出来,从不同材料的缝隙里流溢出来,从涓涓流水的声音里弥漫出来,随着花香飘散在空气中,弥漫在大地的每个角落,使来自不同地方,具有不同爱好的人们聚集在这里,品味着浓浓的文化气息,享受着生活中难得的悠闲。景观的主题思想正是在这样的环境里闪烁着永不泯灭的人性光辉。

时间总是与故事相连,地点总是铭刻在记忆的深处,美好的故事总是留在人们的眷念里,对未来的期盼总是在人们的心里"蠢蠢欲动"。主题的魅力把人们的思维凝固在某一段时间里,跟随人们到某一个地方,讲述一个难以忘怀的故事。人们正是有这些共同的爱好、相同的经历而形成许许多多具有个性的主题素材,才演变成一种细节丰富,值得回味的主题思想,才留下了历史文化的足迹。

(一)自然与神话的景观文化

早期人类为了满足他们的生活和精神需求,通过构筑工程、雕刻故事、绘画等形式来寄托他们对自然的敬畏、对生命的崇拜、对天国的冥想,留下当时历史的文化足迹。

1. 古埃及时期的景观

沿山坡道是用石块砌成的刀柱廊和连拱廊,布局严整,中有花坛、水池和丛林,最高处为神殿的艺术风格,这是由于埃及是一个信仰神的国家,神殿作为景观的主题建筑而创造了神殿景观。从规划的布局上,以神殿为主体,四周由圣林环绕,有池沼和睡莲等水生植物相伴,体现出神殿的神圣与不可侵犯。埃及气候干燥,多干旱、炎热,多风,为改善气候,在规划上对水的处理独具匠心,对植物的种植也是多种多样,有观赏性的植物等,形成了生产性园圃和游憩园林景观相结合的风格。

古埃及的底比斯古城的王室陵墓是运用石头堆砌而建造的。

2. 希腊时期的景观

公元前5世纪是雅典奴隶制民主政治时期，当时的雅典卫城是雅典以及全希腊的一颗明珠，是雅典民主的象征。卫城海拔150米左右，作为敬畏时代的景观，它代表着当时人们的审美理念和精神追求，卫城从雅典市的任何地方都可以看到。卫城的山顶荟萃着古希腊文明最杰出的景观作品。雅典卫城是敬畏时代的精神权威，其中为人所熟知的是帕特农神庙（又称雅典娜神庙），大体量的尺度和高度无时不体现着大地女神与万能的主，大地与天空的精神。在古代文明中，建筑景观成为城市强弱的象征。

古希腊园林风格是以建筑为中心的规划布局，主要目的是为户外的集会活动提供场所。奴隶主民主政治时期的希腊不允许建大型的私人园林，所以大型的集市与集会场所、中心广场得到了很大的发展，成为哲学家讲学、体育竞赛的公共场所。例如首届奥林匹克运动会便诞生在希腊。在公元前4世纪，希腊出现了体育馆园林、学园和种有树木的集会广场等公共园林景观，园林平面布局和造型上形成自己规则的几何形式，笔直、正交的道路和水渠，排列整齐的树木，矩形的水池和花坛，方正的高台给人一种有条不紊的强烈的秩序感，充分表现了人类对神的崇敬。

"雅典娜神庙"体现了女神的精神

从罗马"大斗兽场"的遗址里我们看到了好战的古罗马人的精神。

君士坦丁堡的"圣索菲亚大教堂"

（二）神与人的景观文化——罗马时代的景观

罗马时代是历年来景观发展最鼎盛的时期。从公元79年庞培城遗址里，我们看到当年繁华的街道、井台、花坛、水池、院落、方尖碑、喷泉等造型精美、形式多样的景观，体现了罗马时期人们尚武的精神风貌，突出了罗马人向外扩张和征服世界的野心。

罗马人好战，崇尚武力。古罗马帝国时代，由于具有坚实的物质基础，所以那个时代的建筑规模庞大、气势雄伟，充满英雄主义的特征。

古罗马帝国是一个天主教统治时代的国家，神权禁锢着人们的思想，形成了景观独特的设计风格。典型的列柱式中庭加厚了罗马的拱形墙壁，缩小的窗户形成封闭密间，既产生了庄重美，又创造了神秘感。

（三）梦幻与天堂的景观文化——伊斯兰园林景观

阿拉伯人建立的伊斯兰大帝国，受到古埃及的影响从而形成了阿拉伯园林的独特风格。水景在伊斯兰园林里得到完美的诠释——闪闪发光的巨型水面，流动的波光粼粼的水不停地发出轻微而悦耳的声音，幽静的园林景观像梦幻的天堂。公元14世纪，在东方印度有著名的泰姬陵，此建筑成了景观园林的中心，水池、草地、鲜花、道路、树木对称排列，呈现漂亮的几何形。泰姬陵是印度景观园林的里程碑，它触动着人们的心灵，唤起人们记忆里的天堂，让人始终无法忘怀。

（四）青春与阳光的景观文化——意大利文艺复兴时期的景观

充满了古典主义的人文景观文化，强调以人为本的设计理念和理想，意大利政治、经济、文化空前的繁荣也延伸到景观的领域里——到处是鲜花盛开的草坪，随处可见修长的圆柱、阔大的拱门、充满神话的雕塑、跳跃的水景、透明的阳光……到处都充满着青春与真情，所有的景观都带有神话般的光彩，在厚实而庄重的建筑的映衬下，整个世界显得如此的欢乐和明朗。

历经了100多年的历史，罗马的"圣彼得教堂"仍然是一个千年不朽的浪漫主义作品。

文艺复兴使文化艺术的中心由贵族们的宫殿走向了民众，人性在这里得到了体现——人们追求科学代替了信仰，以君权代替了神权、人道代替了神道，人们更热爱现实生活。现实主义的作品形成文艺复兴时期独有的样式，文艺复兴时期庭园的设计打破了内院式的布局，全园由数层台地相连，高低落差用坡道过渡，或用建筑来点缀，平面布局严格对称，并且有明显的中轴线，水池的布局也十分突出，环境空间更加开放，体现了文化艺术面向大众的开敞空间。

（五）尊贵与威严的景观文化——巴洛克时期的景观

巴洛克时期的景观继承了文艺复兴时期的特点，创造并打破了文艺复兴时期整体造型的形式，运用直线与弧线的变化，强调线条的流动感。过多的装饰和华美的厚重形成了端庄华丽、过于矫饰的创作风格，园林中出现了由黄杨绿篱与彩色土或花卉组成的分区式刺绣纹样的花坛，并在栏杆上装饰花卉。除此之外，巴洛克时期的装饰性建筑增多，并大量建造壁龛或仿自然状的洞窟。

巴洛克一词源自葡萄牙文，原意指贝壳不规则的、怪异的形状。人们常为巴洛克时期的景观及建筑有如此丰富的作品而赞叹不已，它更新了文艺复兴时期艺术的平静与克制，水景刻意求奇，有仿风雨、雷电、鸟鸣叫声等景观，以豪华与夸张的形式戏剧性地展示在人们面前。同时又很好地把建筑、雕塑、园林等景观有机地结合在一起，植物造型也呈现出各种几何形，创造了自己的辉煌。宫殿或官邸建在城市的中心位置，条条街道从四面八方汇集在这里，显示了君主专制下王权的尊贵与威严。巴洛克风格的景观设计作品运用了大量的曲线，用植物叶子的色彩和质地的对比来创造美丽的图案，使其成为景观的主角，而不只是花卉的陪衬，并且将这种对比拓展到其他材料中去，如沙砾、卵石、水、铺装材料等。

西班牙"大阶梯"体现了巴洛克时期尊贵的景观文化。

(六)浪漫主义时期的景观文化——以法国为代表的浪漫主义景观

浪漫主义是18世纪下半叶到19世纪下半叶时期,欧美一些国家在文学艺术中的浪漫主义思潮影响下流行的一种园林景观风格。浪漫主义在艺术上强调个性,提倡自然主义,主张用中世纪的艺术风格与学院派的古典主义艺术相抗衡。

法国的每一个景观都拥有自己的故事和特色,浪漫主义举世闻名的代表作品凡尔赛宫(Chateau de Versailles),位于巴黎西南18公里的凡尔赛镇。整个宫殿占地面积为110万平方米,其中建筑面积为11万平方米,园林面积为100万平方米。它的历史和魅力是无法复制的,花园的美渗透到你的心里,春天的气息里有红玫瑰的芬芳,树阴下享受着远离红尘的清凉,望不到尽头的两行古树把你的梦带向远方,绿色的草坪和湖水是那样的醉人,精美的雕塑分别点缀在林阴道边上,嬉戏在喷泉之中……经过历史的洗礼和一代代主人的精心修葺,风格各异的花园早已成为法国重要的文化遗产。

(七)自然与塑造自然的景观文化——中国园林景观

"人与自然的和谐源于自然而高于自然",这是中国传统园林景观的精华。纵观景观的形式和风格,中国传统园林善于表现情景交融的自然景观,把自然景观搬回到自己家里,并重新塑造、提取、浓缩和再现,通过对现有环境特征和景观构成作出调整和创造,扬长避短,以获得最佳的环境景观构图效果。我国古代私人园林多用于自我欣赏和生活,反映了主人自己的意识和审美取向,形成了比较封闭的园林景观。(关于中国的园林景观在这里不作详细的阐述,请参看相关书籍)

苏州"拙政园"的设计体现了中国园林景观人与自然的和谐。

(八)机械与科技的景观文化——工业化时期的景观充满了智慧与创新

19世纪,由于工业和科技的迅速发展,景观的形式也发生了很大的变化——钢铁的出现改变了景观的结构及人们的生活,玻璃的运用拓宽了人们的视野,混凝土给景观带来了新的设计风格。比如:道路的铺装更加丰富,路灯的形式更为合理,城市出现了高架桥,垂直交通出现了升降梯,带廊架的候车厅……这些都记载了当时工业革命的成就,打破了以前巴洛克时期优雅而恬静的生活,充满了智慧与创新。

TERIAL VIEW

(九) 多元化的景观文化

我们的世界正在进入一个新的时期。景观设计是各类艺术当中最为综合的一门艺术，由于不同领域的介入，景观兼容了文化、科技、生物、生态等方方面面，景观文化也呈多元化形式。景观设计包容了中西文化的交流、民族的交往、历史的渗透等方面。科技的发展打破了时空的界限，我们的景观更具有挑战性：生物圈里，自然平衡被打破，导致了生存危机，人类通过景观等方面的努力试图去恢复这种平衡；生态系统中，人们通过寻找现在及未来的共享资源以探讨综合的生态计划，设计师也面临着综合素质的考验而接纳各门学科……这一切都推动着景观艺术的发展。

二、功能的复合

景观的使用功能不是单一的，具有很强的兼容性。它直接向人们提供安全、便利、保护、情报、导向等多种服务功能。现代化城市的中心广场高度浓缩，大容量的建筑、频繁的交通、密集的信息文化、高密度的人流、高度集中的物质等，在这里分享着城市中心的土地。所以位于城市中心的景观设计，其功能要求更高、更准确。

（一）安全功能

安全设施在景观设计中很重要，当人们享受景观的同时，也把安全交给了环境。有许许多多的安全设施在景观中充当着保护人们安全的作用，景观的安全功能还体现在人身的安全上，其设施包括了消火栓、火灾报警系统、人行道、无障碍通道、交通标志、人行道、自行车道、人行天桥、地下通道、信号牌、街灯等。

（二）便捷功能

便捷功能是为方便人们的各种生活而提供所需的物质条件和便利，从而提高城市的功效。我们常见的便利功能设施有饮水设施、公共卫生间、自动售货机、卫生箱、垃圾箱、自行车寄存处、泊车场、休息坐椅、公交车站、出租车停靠点、地铁站、报警电话、加油站等。

（三）保护功能

人们不断地从场所里获取适宜的环境，对原有的环境进行不负责任的开发和挖掘，以至于我们的生态、文化、宗教、政治等相关因素被物化，人类生存空间的环境遭到破坏。作为设计工作者应该努力去保护、利用和维护环境，让我们的景观文化世代相传。

（四）信息传递功能

信息传递功能旨在为人们提供综合的咨询服务，为快节奏的城市生活带来方便，体现景观设计的综合功能。如电话亭是人们联络感情的设施，信息栏是信息交流的必要设备，电子显示屏为人们提供大量的新信息。又如在NTT电话亭上安装音乐钟、天气预报等，交通标志牌上含有路线图、时刻表、目的地等有关交通方面所必需的资讯，这些设计大大方便了城市的生活，使人们更快地掌握最新的资讯，也加速了城市的生活节奏。常见的还有留言板、广告牌、道路标志、询问处、报栏、橱窗、意见箱……

（五）导向功能

通过景观的形态、数量、空间对环境进行补充和强化，通过一定的手段对空间进行分隔，及时对运行方向进行引

CITYSCAPE

导,它往往通过自身的形态构成与特定的场所景观相互作用而显示出来。交通管理设施在城市的交通管理中占据重要的位置,它包括交通标志和导向性的中央分隔绿化带,这些给人们提供了明确的方位,满足了功能要求。

三、审美的多样

对于不同的社会文化结构,人们对景观的要求也有所不同。所谓社会文化,其内涵极为广泛,包含信仰、宗教、艺术、道德、法律、民俗、习惯,以及作为一位社会成员所获得的一切其他社会任职能力。

景观作为一个客观存在体,是社会文化的物化表现,是通过实物所包含的信息来表现社会文化特征要求的载体,所以,景观必须具有社会的文化属性。

文化是一种多层面、多元素,内容极为广泛、复杂的社会科学。文化具有民族性、区域性,不同民族、地区的文化成分的构件各异,组成形式也不一样。一般来讲,一个民族都有着共同的地域特征,共同的经济关系、语言、心理以及伦理道德。也就是说同一个民族有着相同的文化内涵,相同的文化结构。

不同历史时期也有不同的文化特征,但它的内涵是较为稳定的,这表明了文化具有时代性以及历史的承传性,是随着时代而发展和变化的。正因为文化具有民族性、地域性和时代性,因此,人们对景观的民族风格、地域特征、时代精神的要求都各不相同,同时也反映了文化特征。

我国经济结构的发展导致文化的繁荣,人们对空间的审美观念发生了巨大的变化。审美需求的多样化挑战了以前以功能为主的美学形式,原来固有的景观空间审美原则也进行着历史性的融合和置换,这种融合和置换正好满足人们不同的审美需求。其中田园式的审美观念、工业文明的审美观念、生物系统的生态审美观念是当今最主要的审美需求样式。

(一)田园式的审美样式

由于人们对大自然的热爱和对自然美的向往,产生了田园式的审美观念,同时也出现了田园文学。田园景观充满了人文主义的那种崇高的诗意和激情,把人们对大自然的想象力发展到了极致,将景观的审美标准比之于自然化,认为越美的庭院越应该与自然界相似。园林式的景观包括了森林景观、草原景观、乡村景观、园林景观等不同的审美取向的景观。

森林景观是结合森林的经济价值和生态价值,积极地对森林资源的开发而形成的森林景观,并因地制宜地保护森林景观。森林景观从属于森林,森林结合人文也就形成了景观。人们喜爱森林景观是因为森林景观给人们提供了一个集一切探险、参观、旅游、娱乐、科考为一体的平台,同时又融人文与自然为一体。

康沃尔·海力根和蒂姆·斯米特(英国)设计的"睡美人"森林景观。

草原景观是一个令人神往的纯绿色生态景观，它一直是人们梦想的天堂——蓝天、白云、草地，还有成千上万只飞鸟落在静静的湖畔，几百只黄羊悠闲地在草原上徜徉。人们追求那种人与自然久违的和谐，更喜欢草原的天高地阔、凉爽的气候、丰美的水草，郁郁葱葱、美不胜收的草原景象。

日本宫城县的文化景观运用了草原景观的表现方法。

由于工业的发展，人们向往那田园般的乡村景象，从而产生了乡村景观。乡村景观是历史过程中不同文化时期的人类与自然环境亲密关系的写照，它反映了由乡村聚落景观、乡村经济景观、乡村文化景观和自然环境景观构成的景观综合体。乡村景观是人文景观与自然景观的结合，包括以农业为主的生产景观和土地利用景观构成的特有的田园文化景观和田园生活方式，为社会创造一个可持续发展的整体乡村生态系统。

"Garden as Cloister"花园有乡村的恬静。

园林景观是一种艺术品，人们对景观艺术有很高的审美要求，所以园林景观必须为人类提供优美的环境，为人类创造适宜的生态环境，为人类改善城市环境中最重要的场所。园林景观有漫长的发展历史，受到许多学科的影响，并不断地完善和交融，它包含了古典园林景观、现代园林景观、中式园林景观、西方园林景观等。它们不仅有自己的体系，还有它们独有的流派和风格。（请参看相关的专业书籍）

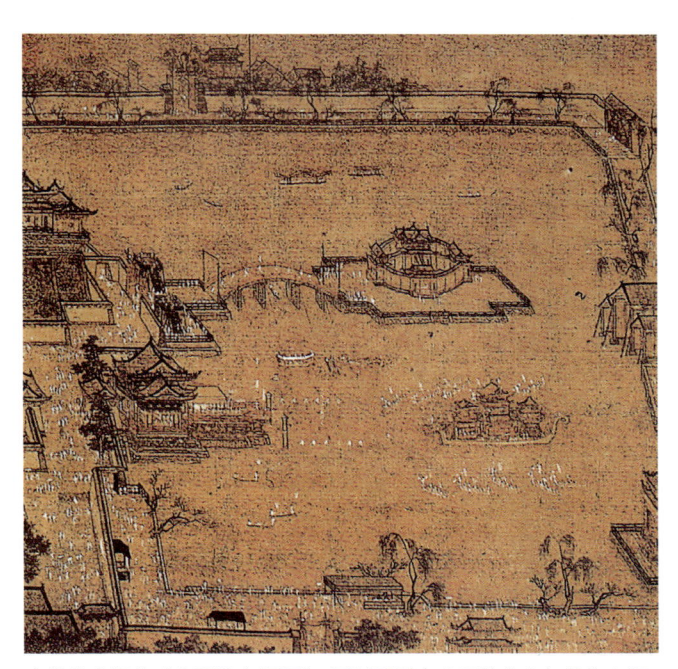

宋代汴京御苑《金明池夺标图》，可以看到中式园林在水与景物之间构建的文人恬静的田园风格。

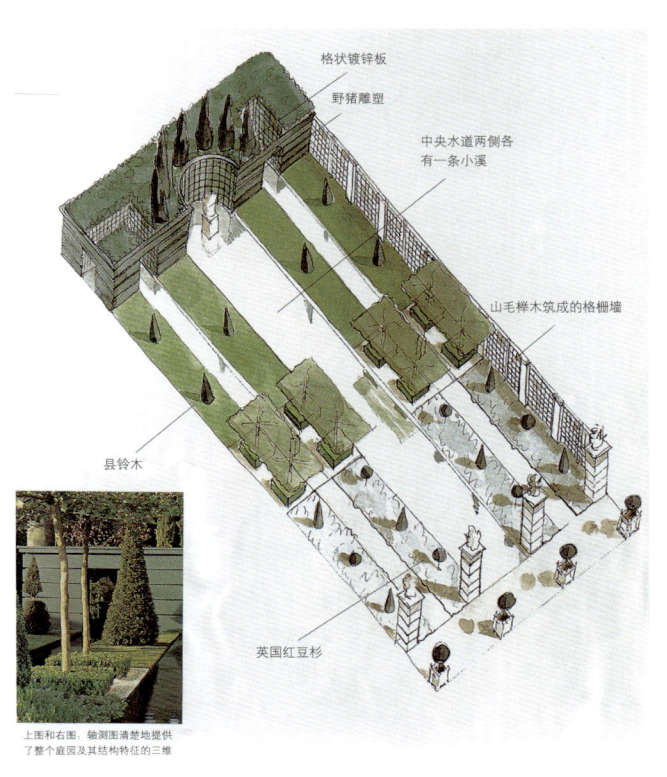

上图和右图，轴测图清楚地提供了整个庭园及其结构特征的三维

《丛林园》的格局里我们看到西方园林讲究整齐、规范的园林艺术规划。

（二）工业时代的审美样式

19世纪末20世纪初，人类社会开始由工业时代向后工业时代过渡。人口大量流进城市，城市中的传统制造业日趋下降，新兴产业逐渐取代传统的产业门类，机械与人们的生活密切相关，一切都变得井然有序。统一的服装、密集性的劳动让人们的生活一下变得有规律，一切事物在工业文明时代变得简洁、有条理。城市景观也将科学与艺术有机地结合起来，并融合了工程与艺术、自然与人文科学。景观的形式变得简洁而富有幻想，出现了几何造型、水泥与植物的对比等，废旧的工业产品和厂房被利用于造就工业时代独有的景观形式，形成了工业时代的审美观念。

"Mechanical plant detail"，体现了追求时间的美、工业的美，错落有致的工业时代景观。

(三）生物系统的生态审美样式

生物系统景观通过生物与非生物的相互转化，研究景观的空间构造、内部功能及各部分之间的相互关系。景观的生态问题是1939年由Troll提出的，科学家开始在景观尺度上研究生物群落与自然地理的相互关系，人们不断地关注生态景观，使景观的生态规划进入了一个新的时期，景观设计的思想和方法同时也发生了重大转变，也改变了景观的形式。人们的审美观念发生倾斜，越来越喜欢生态景观，这种审美观念实际上是人们生态意识的觉醒，更加渴望有一个平衡、协调、整体的理想家园。

在四川成都有一个生物系统的生态公园——活水公园，这是目前一件很难得的景观作品。它是以"水"为主题的保护城市生态的研究基地，采用国际先进的"人工湿地污水处理系统"，由中、美、韩三国的水利、园林、环境专家共同精心设计建造而成，是成都市府南河综合整治工程的代表作，被誉为"中国环境教育的典范"。活水公园傍依府南河畔，占地24000平方米，园内的中心花园、雕塑喷泉、自然生态河堤，几十种水生植物和观赏鱼类被巧妙地结合在一起，整体设计为鱼的形状，寓意鱼水难分的人与水、人与自然的紧密关系。取自府南河的水依次流经厌氧沉淀地、水流雕塑、兼氧地、植物塘、植物床、养鱼塘等水净化系统，多姿多彩的流水在涓涓细流与激情跌宕中发生了质的变化，向人们展示水可以通过改造由"浊"变"清"、由"死"复"活"的生命过程，故取名为"活水"。人们喜爱城市园林的自然生态特性，更喜欢活水公园集教育、观赏、游戏为一体，使人们在走进自然、融入自然的过程中充分体验到大自然的奇妙与伟大，并唤起人们热爱自然、保护自然的激情。

人们的审美观念是多样化的，不同的地区、环境、气候、种族……都有自己不同的审美取向，以上三种审美观念是基于历史发展进程中人们总的倾向来讨论的，如果需要深入了解，就必须查阅相关专业书籍。

四、风格的多元

景观风格的多元化特征，使景观表现出多样性和差异性的风格倾向。艺术风格是多种多样的，它的形成一方面是因不同设计家各自的思想感情、生活经历、个性气质、审美观念的不同而不同，另一方面也受到时代潮流与民族文化的制约和影响。因而一个艺术家有一个艺术家的风格，一个地方有一个地方的艺术风格，一个民族有自己的艺术风格。

景观设计艺术风格的形成，是根据不同时代的艺术思潮和地区特点，通过创作构思和表现，逐渐发展成为具有代表性的景观风格样式。景观风格的形成与当地的人文因素和自然条件密切相关，受到当地的文化潮流、生活方式、社会体制、民族特性、风俗习惯、宗教信仰、气候物产、地理位置及科技发展等诸多因素的影响，所以风格的形成不单取决于它的形式，还涵盖了艺术、社会、文化发展的更深刻的内容。

中国传统园林有皇家园林、私家园林、文人园林。它们的风格形成也因为文化、艺术、社会背景的不同而风格各异。

（一）中国的皇家园林风格

古代中国是一个严密的封建礼教和经济上的雄厚财力占据大片土地的国家，并征调大批劳工，耗资巨大，构建土木工程，营造园林以供己享用，无论人工水景或自然水园。它是一个时代的文化艺术的代表。皇家园林规模的大小也在一定程度上反映了国家的盛衰。中国的皇家园林以其规模宏观、做工精美、造型复杂著称。其平面布局以中轴线贯穿整个园林，以此来象征封建皇权的至高无上，强烈而完整的空间序列体现了封建王朝强烈的等级制度。

（二）中国的私家园林风格

中国的私家园林为官僚、文人、地方富商所有，这几类人以其拥有的社会地位、经济实力大量地兴造园林供己享用，形成了中国私家园林的宏伟规模，以其独有的灵秀飘逸、恬淡雅致的情调，利用假山、花木、建筑围合形成了空间的变化风格。

江南园林以私家园林较为典型，尤其是苏州园林最为突出。因其地处长江下游，地方经济繁荣、文化发达、气候宜人，有天然的湖泊、河流，所以江南园林有得天独厚的人文条件和自然条件。

苏州拙政园，其特点为"妙在小、精在景、贵在变、长在情"，体现了江南私家园林的造园风格。拙政园全园面积为4.1公顷，分东、西、中三部分。东部为"归田园居"，北部、西部为大平冈草地，中部为原住宅，此乃全园精华。整个园林形式极为丰富，有黄石、假山为屏景，山后有水池石桥，循廊绕池豁然开朗，中心水面池水碧波，山石亭榭环列于前，中园景色尽收眼底。拙政园总体规划以水池为中心，筑亭、台、轩、榭，采用朴素自然的手法获得特有的意境，园中有园、景中有景，寓情于景、情景交融，形成了拙政园独有的风格形式。

北京的前门通过严格的中轴线体现皇家园林的风格。

（三）文人园林风格

文人园林的风格是把人生哲理的体验和文人的情趣融入园林之中，使园林景观在具有赏心悦目和诗情画意的特点的同时，还寄托了自己的理想、陶冶情操、隐逸心态，并体现了超凡脱俗、儒雅清高的文人情调，更多地追求雅逸和书卷气。这种风格的形成与中国古代文化的繁荣，人们崇尚文化的心理，以及不少文人和文人出身的官僚参政是分不开的。

（四）西方园林风格

西方园林风格的形成也受政治、经济、文化、地域、民族的影响，形成了有自己独特个性的风格特征。（西方园林风格在文化的融入里有详细的叙述）

苏州"拙政园"的"廊桥"

南京"熙园"的"不系舟"，白居易就曾作诗："酒开舟不系，去去随所偶，或绕蒲浦前，或泊桃岛后。"反映了当时文人寄情于景的超脱境界。

法国"安德尔花园"运用了装饰性的表现手法，展现了西方园林花园的精美与帝国的豪气。

第五节 景观设计的类型

景观是城市环境形象的重要组成部分，是对城市环境空间的优化，人们可在其中进行各种文化、娱乐、休闲、教育、环保等活动。它成为城市中的绿洲，对净化空气等均有积极作用。

景观属性是指景观属于哪一类型，如娱乐景观、休闲景观、教育景观、环保景观等，应根据不同的属性来确定景观的主题思想。

一、娱乐景观

娱乐景观是指以游戏、娱乐、体育为主的一种文化活动的专属景观，如科技陈列景观、运动场、游戏场、舞蹈场等，是"寓教于乐"的空间形式。娱乐空间设计应有良好的绿化设计和丰富多样的植物，保持良好的卫生环境和娱乐设施，注意安全性和趣味性，组织好休闲区与游乐区的关系，处理好道路与植被的关系等。

第一章 景观设计的基本原理　景观设计方法与程序

巴塞罗那的游戏景观。

巴黎东部一个娱乐景观，长长的滑道与绿地结合在一起，滑道沿坡道而下，形成了很好的视觉中心。

二、休闲景观

休闲景观分为居住区休闲景观和街头休闲景观。居住区的景观是属于福利设施，在设计上它应满足居住者休息及儿童玩耍的要求，也可安排少量的群众性体育活动场地。根据不同的功用合理安排绿化景观于其间，以改善小区的气候环境，提高人们的生活质量为设计目标。街头景观是给城市道路而设置的景观，常设在购物、观光、交通枢纽等行人相对集中的地方，给游人提供方便的户外活动，在设计上应与整个城市环境相协调，绿化的种植与城市污染的处理、景观与建筑、景观与设施、景观与人的活动有机结合，让景观成为城市大环境的有机组成部分。

台北的"天母运动景观"把景观元素与城市有机地结合在一起，人们可以享受景观带来的惬意和休闲。

三、教育景观

教育景观是以传播重要人文理念和思想教育为宗旨，有鲜明的思想教育内涵的景观，是提升民族正气，弘扬正义的场所，让思想观念与道德标准能世世代代流传下去。如反法西斯战争胜利纪念广场、南京大屠杀纪念广场、和平广场、烈士陵园等。在景观的设计上应考虑思想性、庄严性，以及与人工景观的结合。

重庆"歌乐山烈士陵园"记录了重庆"11.27大惨案"的历史，让人们缅怀先烈，珍惜今天的幸福生活。

四、环保景观

由于日趋严重的污染和对自然环境的破坏引起的种种问题，人类遭受到了自然的惩罚。我们人与自然的关系是极为紧密、互利共存的。人具有自然属性，自然创造了人，环境改造了人，人与自然环境相互作用，并不断地与环境进行着物质交换。

"View from third level balcony to second level balcony" 很好地解决了人与环境的共存关系，通透的建筑与自然的景物紧密地联系在一起。

五、旅游景观

旅游在我国具有悠久的历史传统，文人雅士、官僚、商贾都喜游名山大川，陶冶情操。我国风景名胜的景观，其发展历史源远流长，资源极为丰富，分布也极为广泛。辽阔的疆域和悠久的历史文化造就了许多自然的、人文的旅游胜地，它们各自以其独特的自然景观与多姿多彩的人文景观为人们提供优美的旅游场所。旅游在当代生活中的意义日益重要，它可以陶冶人的性情，开阔人的视野，调剂体力，缅怀历史，熏陶情感，给人以精神上的享受，让人回归大自然的怀抱，增强生活的热情。通过旅游，我们可以发展经济，增进国际友人间的交往，促进人们之间的广泛交流等。

一个好的景观设计必须要求设计人员对该城市的历史、现状、自然和人文环境作充分的调查和研究，并对人口、土地的发展进行预测，尽可能最大限度地获得可操作性的资料。环保景观的设计包括确立保护地带，风貌的保护以及视景走廊的建立等等。

围绕在我们身边的景观由于其属性不同而形成不同的功用，除以上我们介绍的以外，还有很多景观类型，如综合景观、文化景观、森林自然景观、名胜古迹景观、体育景观、滨水景观等，在景观规划设计前必须明确其设计的典型意义、功用、属性等诸多方面的问题。

自然景观的多姿多彩。

本章小结：

1．主要概念与提示

① 景观是人对景的观赏，景是万物包括土地、空间、植物、地貌、天象、时令、自然等物质所构成的综合体，是人类活动与万物之间交流的一个平台。

② 景观设计是解决某一个特定的环境里与人相关的问题。

2．基本思考题

① 景观规划与景观设计的区别？
② 景观设计有哪些设计原则？
③ 景观对人的作用是什么？
④ 景观设计的原则是什么？

3．综合训练题

① 如何理解以人为本的设计原则？
② 如何理解景观设计情感表达？

第二章 景观设计的思维方法

第一节 把握景观中的环境

在景观设计中,无论是区域景观、广场改造、街区拓建,还是园林建设等都要首先考虑城市整体环境构架,研究它们的现在与过去、当今与未来、地方与比邻的差异与相同、变化与衔接,并立足科学,最大限度、最为合理地利用土地、人文和自然资源,尊重自然、生态、文化、历史等学科的原则,使景观与人、人与环境彼此建立一种和谐均衡的整体关系。

下面我们通过景观中的环境和环境中的景观来研究景观设计的思维方法。

一、理解景观中的环境

在景观中的环境里,我们从景观在环境中的形态进行研究,为景观设计提供一个思路和形象化的发展目标;通过理解景观在环境中的空间构成提高我们对城市资源利用率的理解;通过研究空间的特性掌握景观中环境的连续性和完整性。

(一)景观在环境中的形态构成

景观是通过一定的形式语言经过景观设计师的加工创造展现的,景观的形态与形体是两个不同而又相关的概念,它们分别指形的势态和形的体量。

1. 形态

形态是指物体形体势态和内涵有机结合的体现,它包括物与物之间,人与物之间的关系。形态是形体的表现,它所表述的语言远远超过形体的内容。

2. 形体

形体是指物体本身最基本的外形特征和体量,它是一种形式的表现,以最直接的形式展示自己的特征。形体是形态的外在表现。形体只有通过形态的构建,才能沟通人与物的情感,把人与物的情感联结起来。

景观形态与形体的研究是每一位景观设计工作者都必须研究的课题,组成形态的形体要素的内容有数量、体量、组合等。由于这些要素都对形态承担着表现性与参与性,因此每一要素的变化都会引起形态性格的变化。

(1) 数量

数量的多少所反映的形态特征完全不同,给人在心理的震撼也不一样。随着数量的增加,其单一的形体特征则被群体的形态特征所代替,形成了群体势态。这就是形体数理的变化形成的形态差异而带来的空间形态的变化。

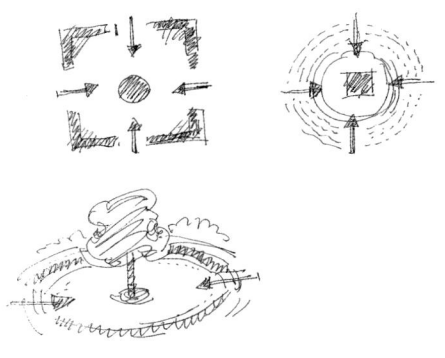

单个形体为主的向心形态。

多个形体组成的围合形态。

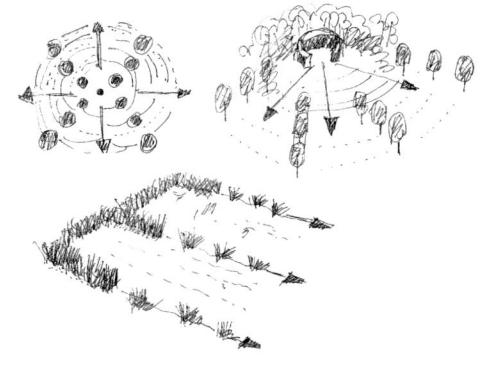

多个形体构成的放射性形态。

列柱排列形体构成延伸性形态。

(2) 体量

体量是指物体内部的容积（内部空间）和量与度的外在表现，它体现了一个物体长、宽、高的尺度。

体量对比而引起的上升形态。

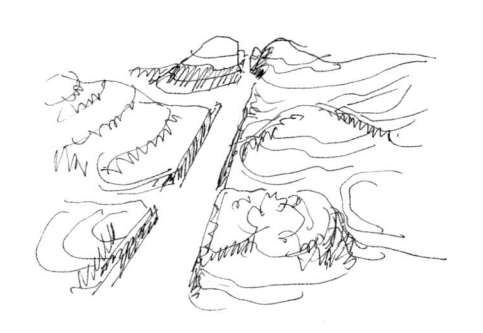

体量形成的轴线空间造成的向前形态。

体量对比而形成的呼应形态。

体量下陷而形成的下沉式景观形态。

(3) 组合

组合是物体经过一定的形式语言所进行的结合，它们结合的方法和形式不同，其呈现的空间形态也各不相同。

（二）景观在环境中的空间构成

这里讨论的空间是指区域与区域、物与物之间的空间距离。如果物与物的空间距离太远就会给人以平淡、松散的感觉，太近又会显得拥挤和局促。要获得良好的空间感必须根据物体本身的特点、场所环境的性质，满足人的使用要求和心理需求。人们在空间的不断转换与自然的不断接触中感染着自己的情感，渐渐形成一种特有的空间感受和审美要求。

1. 空间的概念

空间是有关人的感受的问题，有尺度的、感官的、心理的。人们对空间的感受和理解是不同的，是随着人们对空间理念的拓展，对感知能力的不断加强而扩展的空间概念。空间的界定有与人的生理尺度相关的，有与人的心理尺度有关的，也有与人的精神尺度相关的不同空间概念。所以空间构成涉及空间、场所、领域三个概念。

（1）空间

空间(Space)是可以用数据——长、宽、高等尺度限定的，是通过地界面、侧界面、顶界面等精确的尺寸来设置的三维空间，人们通过生理来感受空间的限定。

（2）场所

场所(Place)是通过围合而形成的三维空间，它的数据不是十分精确，是通过心理感受来领略空间的限定，也许是一面湖水，也许是一片树林……

（3）领域

领域（Domain）是通过概念来形成的一个空间领域的概念，其尺度也很松散。领域的界定是由人们精神方面的空间度量来确定的，如：山林、湖上的小岛、水域……

2. 空间的构成要素

空间是土地被合理利用而形成的，是设计的媒介。空间为人们提供不同的使用功能，人们也在空间中交换着情感。从构成的角度来探讨景观在环境中的空间，有助于设计师对景观空间进行合理的开发和利用。空间的形成是由界定开始的，被界定的空间就构成了三维环境，这个环境是被感知的场所，构成空间的三大要素是地界面、侧界面、顶界面，它们影响着空间的形态、空间的比例、空间的性质、空间的功能……

（1）地界面

地界面是空间的开始，是我们感受空间的起点，也是设计师研究空间的基础。地界面包括许许多多的要素，如道路、广场、小品、绿地、水景、设施、山石、建筑、地形、铺装、植物……

（2）侧界面

侧界面是一个垂直的竖向空间，从地面向上而形成的围合空间，起到划分空间的作用，如墙面、建筑、山体、树木……都是侧界面的构成要素。

（3）顶界面

顶界面是与地界面相对的水平界面，是为了遮挡而设置的空间界面，如我们常常看到的回廊的顶面、由藤蔓而构成的林荫道、建筑的屋顶……顶界面的通透与否，决定了空间的形式和性质。

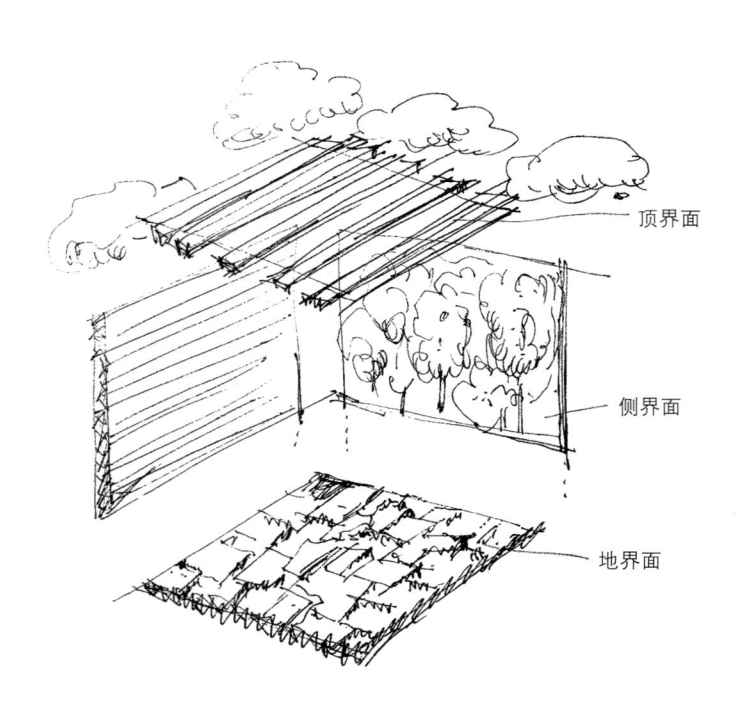

（三）景观在环境中的空间特性

空间的形成有不同的表现形式，不同的表现形式有不同的空间界定手段，不同的界定手段产生不同的行为方式，不同的行为方式给人不同的心理感受，不同的心理感受产生不同的空间文化形式。下面我们来探讨空间的几种表现手段。

1. 运用地形、地貌界定的空间

这种表现手法是在满足使用功能和观景要求的情况下而

设计的。景观及其周边特定的地形和地貌，常常是景观设计师所倾心利用的自然素材，许多著名城市的景观规划大都与其所在的地域特征密切结合，并通过精心设计形成城市景观的艺术特色和个性，从而也起到了界定空间的作用。

自然地理状况，如高原地区、平原地区的景观格局都极大地影响社会文化和人的生活方式。因此，在分析地形、地貌时我们应对该地区由于地理环境所形成的地势落差、地质结构的变化进行深入的研究。

地势对景观的创造有着直接的关系。设计师必须因地制宜，充分发挥原有的地势和植被优势，结合自然塑造自然景观。

2. 运用山巅突出空间的特点

山峰在自然风景中一直成为游人观赏景观的高峰点，它使人体会到山峰绝顶，居高临下，可纵目远眺景色，更能感受到"欲穷千里目，更上一层楼"的博大胸怀。所以山峰的景观塑造一般以亭、塔这种向上式的建筑加强山势的纵深感，与山势相协调。

这种表现手法的魅力还体现在控制风景线、规范空间的领域感上，使其成为人们观赏的视觉中心。景观的造型在尺度和动势上应与自然景观默契配合，使自然景区中的人文景观更加丰富，是人、景、自然更加交融的一种表现手法。

英国的"厄帕米尔公墓"是罗伯特·康林设计的，这是一种运用地形、地貌来界定空间的表现手法。

环境设计合营公司设计的"南非堂母纪念碑"很好地运用了山巅来界定空间。

3. 运用围墙和建筑界定的空间

围墙是界定空间最直接的表现手段，建筑也是界定空间有效的表现方法。围墙的形成有封闭的、开敞的和半开敞的不同空间形式，建筑的界面有亭、台、楼、阁等不同的空间形式。

"Front elevation" 巧妙地运用了建筑来界定空间。

/ 全国高等院校环境艺术设计专业规划教材 /

邛海宾馆新建区景观设计方案图

刘宇设计的"邛海度假村"的规划运用了自然水景来界定空间的手法。

桂湖郡入口广场景观效果图

刘宇设计的"桂湖郡"大量地运用了植物来界定空间。

4. 运用水景界定的空间

水景分为自然水景和人工水景两种表现手段，自然水景生态有天然生成美的特点，人工水景能较为准确地界定空间，同时规划得更为人性化、功能化、视觉化。有的还运用具有较强共享性的湖面来界定空间。

5. 运用植物界定的空间

植物不仅能满足生态的需求、观赏的需求，还能用来界定空间。树木、草坪、植被、花卉都可以表现出空间领域的不同。不同的植物给人的感受是不一样的，如灌木、乔木……

二、把握环境中的景观

作为优化现代人类社会群体与人们生活方式的理想环境，负载着人们社会的、文化的、生活的重要职能。作为工具，它为人们的各种社会活动提供了所需要的场所，环境中的景观影响着人的运动轨迹，影响着人的视觉空间，影响着人的心理空间，同时还满足人们多样化和多元化发展的需求。

（一）景观影响人的运动轨迹

景观设计的意义是创造吸引人的景点，精巧地利用环境、地形来引导人的运动轨迹。

运动轨迹的作用在于使人们能够在环境之间愉快地通行。人们在由甲地到乙地的过程中享受空间，不仅可以通行，还能够学习、运动、交流、休闲等。人们在运动的轨迹中感受到一种社会的交往和心理的满足。所以好的路径设计能够激励人们积极地感受景观和享受景观。

运动轨迹主要是关注景观中时间与空间的关系，体会运动的过程，在时间与空间的转换里享受景观所带来的文化差异，情绪、光线、味道、声音、视线的转变等。景观设计在时间与空间变化里起着重要的作用，影响着人们运动过程的情绪。

（二）景观影响人的视觉空间

人们感知世界从视觉开始，通过视觉的观察影响人们的心理，然后产生不同的情绪反应，包括愉悦、忧伤、愤怒等不同的心理变化。景观设计属于视觉造型的范畴，视觉造型就是一种有意识的、有目的的创造行为，运用景观设计与造型特有的技巧，通过物质手段进行视觉表达，赋予景观设计一种特殊的视觉效果和视觉感受。

视觉空间是我们眼睛所能看到的景象，景观设计影响人的视觉空间，包括视觉的可视性、接纳性、安全性、敏感性、独创性等多方面的因素。

1. 可视性

可视性就是当景观呈现在我们的视觉范围内，它的观赏性是否被认可，是否吸引人们的视线，视觉是否愿意沿着景点的路径而运动。

2. 接纳性

接纳性就是在人们观赏我们设计的景点的时候，是否愿意亲近和交流，这就要看这些景点是否与自然和谐、与人和谐，是否心甘情愿地接纳周围的环境，愿意主动地和自然进行交流和融入。

3. 安全性

安全性的问题我们在前面有所论述，这里讲的视觉的安全性是指文化的安全和视觉的安全警示。当视觉的安全性直接影响人们的行为路径时，人们才能从行为到心理接纳我们设计的景观。

日本广岛的"基街克莱德"的景观引导着人们的行为。

4. 敏感性

敏感性是景观设计的质量最重要的因素之一，只有做到这一点人们才能主动地去感知自然和场所。只有去研究景观设计的敏感性才能触动人们敏锐的感知度，创造吸引人们视觉的景点。

5. 独创性

独创性建立在敏感性的基础之上，独创性讲的是景观设计的创新，即设计具有挑战性和个性的景观，以迅速地吸引人们的视线。景观设计的独创性和个性始终是我们做景观设计追求的目标。

日本"白丽馆"的景观综合了视觉空间的可视性、接纳性、安全性、敏感性、独创性。

（三）景观影响人的心理空间

影响人心理空间的景观主要是解决情与景的关系问题。景观中的心理空间是属于心理学研究的范围，是探索观赏者所见景观后产生的内心感受的反应。心理感受是一个非常抽象的概念，景又是一个具象的物体，抽象和具象之间是因果关系，景观是"因"，心理感受则是"果"，它们既相互影响又相互作用。如何把抽象与具象有机地结合在一起，这是一个相对复杂的问题，其中包括许多美学原理和心理学的研究。下面章节里我们有详细的论述。

第二节 把握景观中的要素

景观环境是城市中相对稳定的构成要素。它包括自然环境和人造环境，具有固定的形态特征。

研究城市环境的景观布局，除开相关的社会经济因素、系统网络、环境设施功能的可能性等，在这里侧重功效与美学的研究，在原有城市环境基础上对城市景观进行卓有成效的改进和创造。

在这里我们从景观设计视觉要素、景观设计的体量、景观设计的尺度、景观设计的质感、景观设计的色彩等要素做详细的分析。

一、景观设计的视觉要素

（一）点

点是构成万物的基本单元，是一切形态的基础，在特定的环境烘托下，展现自己的个性。这种特定环境的大小、色彩、形态、围合的方式都会影响点的特性，背景环境的高度、坡度，构成关系的变化也使点的特征产生不同的形态。点通过组合变化也能作为独立的景点。在这一节里主要从视觉的角度来探讨景观设计的基本要素。

1. 点是视觉的中心

在景观设计中，点扮演着重要的角色，就点本身来讲是可大可小的，没有具体的尺度来定义，但是相对于周边环境而言，中心点起着点缀、警示等作用。

在城市规划中，中心景观常常占据着城市的中央位置，而中心也被人们赋予了深刻的文化主题，并成为城市文化的象征。中心点不仅给人们提供了一个视觉目标，而且在人们的心里有着很重要的位置。

2. 点是空间界定的位置

在远古时代，点常常用于领地的界定，表示一个特定的目标，充当界标的作用，是不容任何人侵犯的。今天，很多的旅行者也是利用点来帮助自己找到地标，以便辨别所处的位置，确立自己的方位。在景观设计里，我们常常也用点来界定空间，如：运用土丘、石山、孤树等来界定，告诉人们这是起点也是终点。

3. 点是场所的汇集处

中心汇集点指的是中心广场，中心广场自然是人们集散的空间，人们在这里传递感情、交流文化、举行仪式、传播知识……所以，中心广场是文化和社会事件汇集的场所。

4. 点是精神文化的标志

文化性的场所具有重要的精神意义，如：教堂是一个人群的精神圣地，寄托着未来和希望；战争纪念塔记载着城市过去的一段历史，以及人们对故人的怀念和哀思。中心点在这里成为精神文化的目标点和汇集点。比如：北京天安门的设计在精神层面上，其文化内涵与社会意义都赋予了更深的意义，并且成为目标点和汇集的中心，给人一个精神中心的感觉，这就是点的向心力表现。

法国西部的"布雷斯特"，运用点的元素作为渔业文化的象征，不仅是场所的汇集处而且是一个精神文化标志。

以点为中心的一种表达方式。

《2002年台湾景观作品集》中"台北的圆心律动"

约瑟夫·保尔·克莱修斯设计的楼梯井的圆球景观。

（二）线

线在景观中的作用非常重要，它是点不断延伸、组合而形成的，有长短和粗细之分。线在景观设计中是非常活跃的，所以它在景观环境中的运用需要根据空间环境的功能特定，明确表达意图，否则就会造成视觉环境的紊乱，给人矫揉造作、故弄玄虚的感觉。

1. 线是边界的定义

线的大量存在起到界定边界的作用。对于国家来说，线是疆土范围的界限，具有领土和主权的意义；对于景观来说，线是土地使用权的象征，代表着所有权的控制。边界线可以是围栏、花草、树木、河流……

2. 线是路径的定义

线在景观设计中的作用是让人们能够沿着我们设计的线路来通行、游玩、锻炼、观赏……

3. 线是方向的定义

线的方向在景观设计中是决定其特征的主要条件，有方向的线具有不同的形态，如有安静、安定、敏感的直线，有严肃、竖直、上升、下沉的垂直线，有积极、排他、反秩序、动感的斜线，有饱满、充实、向心的圆线，有动感、委婉、自信、个性的曲线，有节奏强烈、不安定的折线，有温馨、高雅、波动、柔畅的弧线……

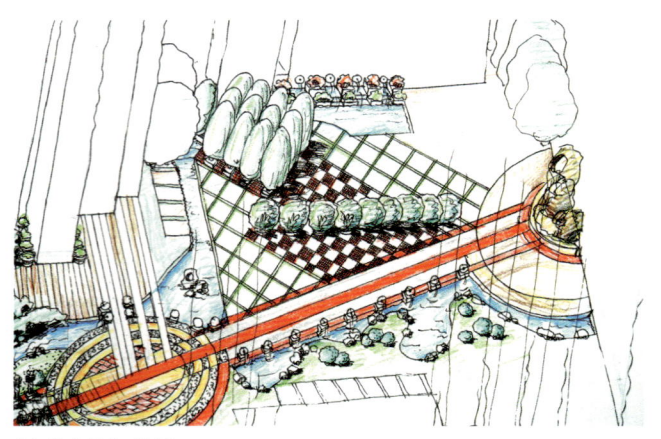

"南苑宾馆"规划

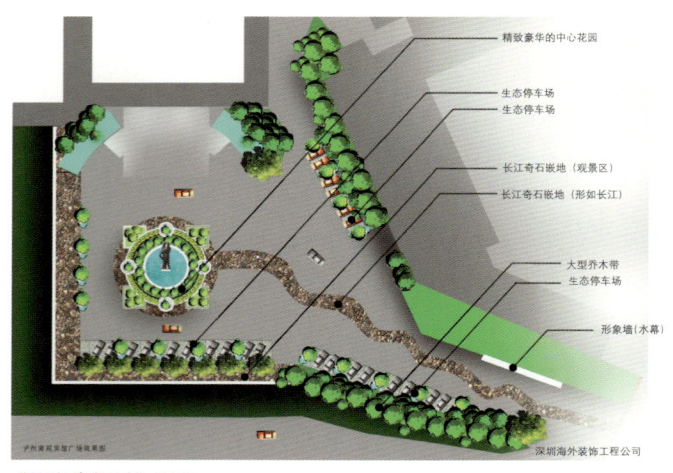

"邛海度假村"规划

苏格兰的"再现宇宙"景观运用线形来反对传统的景观规划形式，把科学与视觉结合了起来。

（英国）《迷宫》人们从线里寻找迷宫的乐趣。

（三）面

面是二次空间运动或扩展的轨迹，是线的不断重复与扩展，它只有与形结合才具有存在的意义和价值。面的不同组合可以形成规则或不规则的集合形体，也具有自身的性格特征。

1. 面创造了空间的使用功能

景观中的面容纳了人类和动物的一切活动，自然界的万事万物。人们在地平面上建立自己的家园，创造了从事生产活动、人际交往、繁衍后代等不同使用功能的空间。如满足聚会、娱乐等社会休闲功能的空间，满足买卖、研究、创造等功能的工作空间，满足健身和健康、生态和环境、美学和文化于一体的综合功能空间。

2. 面把单体要素有机地结合在一起

在景观中包括水景、植物、建筑物等不同的单体要素，它们都在面的空间里发挥着自己的作用，同时面也给了单体要素一个支撑的平台，这些要素也成为景观设计的基本素材。

3. 面创造了相同的性格特征

不同形态的面有不同的性格特征，不同的性格特征有不同的形式，不同的形式给人不同的感受。平面能给人以空旷、延伸、平和的性格特征；曲面则显示流动、引导、暗示、自由、骚动、活泼的性格特征，从地面的铺装到墙面的造型这些性格特征都被广泛地运用。

二、景观设计的体量要素

体量具有三维空间，它表现出一定的体量感，随着角度的不同而表现出不同的形态，给人以不同的感受。它能体现其重量感和力度感，体量分为几何体量和自由体量。

1．几何体量

几何体量指有规则的三维空间，如圆球体给人浑厚、圆满、团结的心理感受，方体给人高雅、上升、规整、厚重、实力、坚定等心理冲击，三角锥体带给人们稳定、踏实、永恒、肃穆的感受。

2．自由体量

自由体量指无规律的自由形体，在感官上追求自然美，流动的韵律美，自由而随意的亲切感。

不同的体量给人不同的感受。

三、景观设计的尺度要素

尺度的大小往往与比例有关，比例是指整体与局部之间的比例协调关系，这种关系使人有舒适感，具有满足逻辑和眼睛要求的特征。为了追求比例的美与和谐，人们为之努力，创造了世界公认的黄金分割——1：0.618，并以它为最美的比例形式。但在人们生活中，审美活动的不断变化，优秀的形式并不仅限于黄金比例，而是建立在比例与尺度的和谐上。比例是相对的，是物体与参照物之间的视觉协调关系，如以建筑、广场为背景来调节植物的大小比例，可以使人产生不同的心理感受——植物设计得近或大，建筑物就显得相对较小，反之则显得高大，这是一个相对的比例关系。如对于日本庭院的面积与体量，植物都以较小的比例来控制空间，形成亲近感。

尺度是绝对的，可以用具体的度量来衡量，这种尺度的大小尺寸和它的表现形式组成一个整体，成为人类已习惯的环境空间的固定尺度感，如栏杆、扶手、台阶、花架、凉亭、电话亭、垃圾桶等。

尺度的个性特征是与相对的比例关系组合而体现出来

的，适当的尺度关系让人产生亲切感。尺度也因参照物之间的变化而失掉应有的尺度感，合理地运用尺度与比例的关系才能实现其舒适而美的尺度感，这些感受包括舒适、安全、放心、定向、友好的情感因素，也容易建立起人与环境的某种默契，使人产生清晰、明确、爽心的尺度感。

尺度在景观设计领域是极其重要的，是使一个特定物体或场所呈现恰当比例关系的关键因素。尺度可分为绝对尺度和相对尺度两种。

1. 绝对尺度

绝对尺度是指物体的实际空间尺寸。物体的形体处于空间环境和景观中有一定的度量标准，人可以亲身体会物体的存在。是否使人感到适当是尺度的标准，这就是我们所指的人体尺度。我们大家比较熟悉的绝对尺度有门窗、梯子、栏杆、坐椅、路灯、电话亭、门把手，以及电话台的高低、信息栏的最佳视觉高度……许多超人体和超自然夸张的尺度在景观设计中的运用，往往造成特定环境中的戏剧效果或某种感官的刺激性。

2. 相对尺度

相对尺度是指人的心理尺度，体现人的心理知觉在空间尺度中得到的感受，并通过尺度的对比和协调来获得心理的满足感。

四、景观设计的质感要素

我们主要探讨景观质感中景观设计材质的运用和质感带给人们的不同感受。材料与质感是不可分割的，任何材料都具有自身的质感。材料是指物体本身的要素，而质感则是指材料呈现的肌理。如何运用材料来发挥肌理的个性呢？我们应当在实践中努力探讨和掌握不断变化的材料加工信息。

运用简单的材料创造不平凡的景观，是非常令人赞叹的。使材质得到最大限度的发挥，以体现其个性是景观设计师追求的目标。未经加工的天然石材运用于景观中，朴实、自然，给人以无尽遐想的美感，是一组极佳的范例。

在景观环境中，材质满足人们精神上和心理上的要求，如各种植栽、石材、竹、水都能传递不同的文化感受。

（一）植被

植被与自然环境接近，让人享受天然的魅力，使人建立起与自然的和谐与融入感。

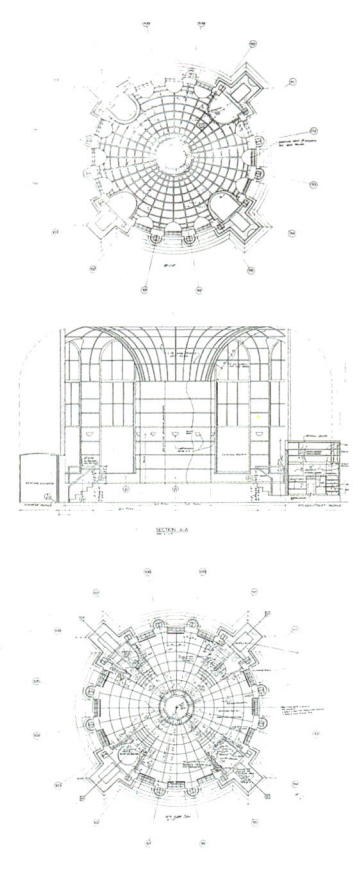

1. Cupola ceiling
2. Reflected ceiling plan, section, and floor plan
3. Cupola space with bird cage elevator entry
4. Cupola presentation space

尺度影响着人们的心理，"Cupola ceiling"运用了夸张的尺度关系。

/ 全国高等院校环境艺术设计专业规划教材 /

景观设计方法与程序

第二章 景观设计的思维方法

49

（二）石材

石材与自然的组合，使人感受儿时的回忆，美好的童年时光，拾起远去的梦想。

（三）木材

木材永远具有天然的魅力，这是大自然献给我们人类最好的礼物，亲切而友好。

（四）竹

竹具有清高的气质，在景观中一直是人们追求的境界，常常被设计师所运用。

（五）水

水透露出的永远是高洁、柔和、清新的标志，亲水的情缘是不分国界、年龄、阶层和职业的。

通过材质的变化可给人们带来很多的情感变化。有些材质与水的结合能形成参与感和亲和力，更能展现其景观的魅力。如一直延伸到中间水道的林阴，成功地引人进入一个忘我的玩水嬉戏的境界。某些天然材质和人工材质与水结合具有个性化，使人有安全感，能产生一个容易亲近的景观休息空间。

"城南驿站"的水景具有参与感。 刘宇设计

"万科金色家园"水景,这个游泳池由于增加了船帆的形式,水中的花坛也丰富了空间的层次,让人更有参与感。

随着科技的发展与进步,现代材质与水的结合可带来具有动感的景观。高科技的介入能使景观创造出特殊的情景,如动态水景,动态雕塑,模拟声、光等幻想空间。

同一材质由于肌理的不同处理,如毛面与光面,其表面的质感都会发生变化。同样,材料的硬度、重量、表面肌理、色彩触感、距离感等方面,通过不同的手段,表现在不同环境下,人的情感也都不一样。材质永远是景观设计师追求和利用的设计因素,材料的不断更新又为景观设计提供了更广阔的空间。

五、景观设计的色彩要素

色彩是景观设计中最动人的视觉要素,人们可以通过色彩的无穷变化而产生心理共鸣和联想。因此,色彩可以大大增加环境的表现力,对环境气氛起到强化和烘托的作用。

色彩与观赏者的心理反应有直接关系,人类的感情和心理变化很大程度上是受色彩的刺激而产生的。由于色彩的不同,所表达的意念也有差别,它能给人不同的联想和感受乃至行为的影响。如在城市交通设计中的红绿灯,红灯停、绿灯行、黄灯提醒注意,这是人人都知道的,就是利用了色彩来控制人的行为、车的通行。

1．白色——给人明快、洁净、雅致、高雅、纯洁之感。

英国伦敦的"蛇形画廊" 　　　　　　　　英国伦敦的"蛇形画廊" 　　　　　　　　英国伦敦的"蛇形画廊"

2．黑色——理性、严肃、稳重、沉着之感。
3．灰色——平凡、淳朴、理性，体现中庸与平庸之感。在景观设计中一般用在公共空间环境中。

美国雕塑景观 　　　　　　　　比利时的"布鲁日展亭"

4. 红色——热烈、喜庆、刺激，常常能激发人的情绪。

日本"猿猴川"艺术步道

5. 橘黄色——热烈、扩张、阳光，刺激人的视觉后带来振奋感。橘黄色的路面给人强烈的阳光感，热烈而醒目，具有强烈的视觉冲击力。

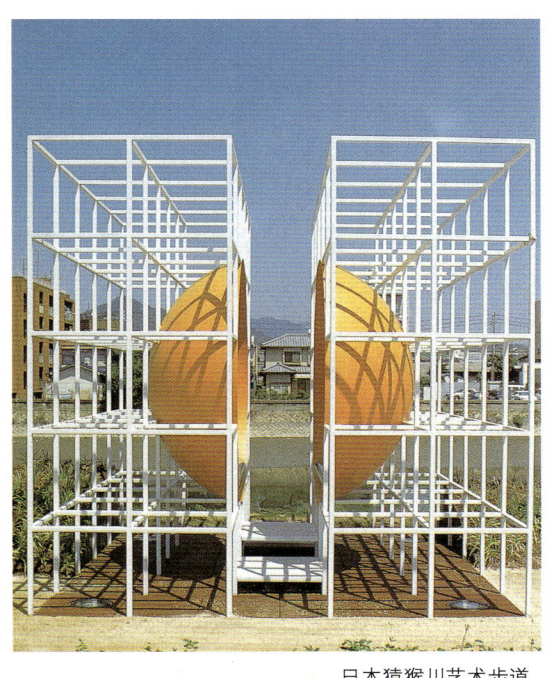

日本猿猴川艺术步道

6. 黄色——温暖、高贵、干燥而强烈。黄土带来干燥感，黄色灯光温暖而明亮。

墨西哥"色彩的旋涡"

7. 蓝色——是一种理性色彩，它表现为宁静而幽深。

日本"猿猴川"艺术步道

8. 绿色——和平、安全、茂盛、清新，充满生机。

日本"猿猴川"艺术步道

在景观造型中，色彩都不是以单一的色彩样式展现给人类，而是以色彩与色彩的搭配、组合来展现，形成丰富的景观，尤其是在游乐场、娱乐场，色彩的运用更是五光十色，给人兴奋与参与感。

六、景观设计的地形与地貌要素

景观设计不仅要考虑自身的因素，还涉及包括一切外部条件的关联框架。景观设计所涉及的内容要素外延很广。以下仅就景观设计的地形、环境气候、植被、周边环境等方面做简略论述。

（一）地形

自然地形千姿百态，如何利用应视其所处的具体位置和面积而定。地理位置对景观设计与规划至关重要——是处于北方还是南方，是城中心还是郊区，它的地理资源情况如何，有利因素与不利因素，如何发展及规划等都必须认真分析。面积的大小也会影响规划与布局，不同面积的景观可以按照场所选择不同的开发方式。大面积的景观可采用人工景观和自然景观相结合的形式。对于人工景观而言，可在平地上开凿水体、堆筑假山，配以花木和完善的服务设施，把天然山水摹拟在一个个的小范围景观中。天然景观的利用可做局部和片景的建园基础，再辅以花木植物形成自然景观。在规划上可运用轴线展开，形成具有一定的景园规划。面积较小的景园可规划得小巧、精致，运用空间的变化达到自然风景的缩景效果，像一幅自然山水风景画。如日本的庭园就十分细致、精巧，并受其文化的影响，逐渐发展而形成了日本民族所特有的筑山庭、平庭、茶庭。筑山庭以山为主景，山以土为主，以流水瀑布为焦点进行构景处理；平庭是以石灯笼、植物、溪流等象征自然山水的元素而布置在平坦园地的周围；茶庭建在极小的空间上，四周围有竹篱，配植自然的植物，表现出自然的意境，创造出清新的环境氛围，身临其间可感受到日本民族的清高气质。

景观规划如何根据地形的变化而因地制宜呢？景观环境的场所，无论方位怎样，总有地势高低之差，景观环境应根据地势的高低来考虑布局，因为观景是从形势中获得的，如眺望观景得益于高地势，幽幽漫步得益于在较为平坦的林间小道等。地形的变化能给人带来不同的心情，也能产生不同的心理反应，景观环境地形可分为三大类：平地、坡地、山地。

1．平地

平地是较为宽敞的地形，可促进通风，增强空气流动，开阔视野，生态景观良好。平地是人们集体活动较为频繁的地段，可创造开阔的景观环境，方便人们欣赏景色和游览休息，也方便人流疏散。平地地面的材质可运用天然的岩石、卵石、沙砾等镶嵌在地面上，创造富有变化的地面肌理；用片石、广场砖、预制板等铺地，形成观赏景观的停留地；运用植被，如花草、树木、草皮作为观赏用的景观。

2．坡地

坡地是指有一定坡度的地形，其倾斜度以0.3%~2%为好，斜坡地形可以消除视景的幽闭感，从而使景观有更丰富的层次。坡地景色比平地景色优美，坡地不仅通风好，且自然采光和日照时间长，微气候容易调节，有利于排除雨雪积水，比在平面上做景观规划好。

3．山地

山地的斜度一般在50%，山地景观在规划中往往利用原有地形，适当加以改造，通过山地的变化来组织空间，使景观更加丰富。

地表起伏变化的状况和走向在我国历代的环境规划中都十分考究。我国历代建都的地方均经过慎重考察以后才确定，如北京的地形"北枕居庸，南襟河洛，右拥太行，左环沧海"，山川环卫，气候宜人，是王者必选之地。（引自程建军、孔尚朴著《风水与建筑》）

中国把山脉水系的起伏、走向，能纳阳御寒的较好的环境模式称为"风水宝地"，以背山面水，左右围护的格局为主。在建筑的背面有"来龙"山脉走向，连绵的高山群峰为屏障，左右有低岭"青龙"、"白虎"环抱围护，前有池塘或河流婉转经过，水前又有远山近丘的朝向对景呼应，基址恰处于这个山水环抱的中央，内有千顷良田，山林葱郁、河水清明，这即为上乘的地理环境。

（二）地貌

如果说地形是地球表面的起伏，高低落差的变化的形态研究，地貌则是研究地球表面起伏形态的发生、发展、结构的相关科学。

不同的地貌有其不同的发展规律和成因。都与地球内部物质的结构和运动有关，地形有千姿百态的变化，都是由于地球内外结构的变化和作用而形成的。了解地貌的知识可以帮助我们更深入地认识设计。（地貌学是一个独立的学科，要研究地貌学的知识请参看相关的专业书籍）

岩石由于坚硬、土质薄而不利于种植大量的植物，但由于岩石抗风化力强，有其天然形成的朴实感，常给人带来纯朴、自然的回归感，在规划设计中可运用岩石的裸露展现其风姿，辅以规划过的平整土地加以衬托，形成与自然景观相结合的景观环境。

七、景观设计的道路要素

当人呱呱落地开始学步的时候，道路便在身前展开。道路连接着人与人、人与环境、环境与环境，它所构成的交通与活动环境是城市空间与环境系统中的重要内容。道路是由街道、广场、坡道、踏步等路面构成。地面的优化设计，为人提供了安全、便利的行为条件，对美化城市环境起着重要的作用。

地面材料要具有耐磨、防滑、防尘、排水，便于管理的性质。地面材料包括混凝土、石块等硬质材料，椰油碎石、沙、混合土、沥青、预制块等。可根据不同的功用、材质装饰出斑斓的地面。

《日本景观设计师——三谷辙·长谷川浩已》作品

/ 全国高等院校环境艺术设计专业规划教材 /

《景观艺术设计》作品

（一）地面的形式

道路要素在地面上形成各种通道，同时也形成了不同的表现形式。地面上的形式多是由线和空间构成，在景观设计中分为直线、折线、曲线、弧线，不同的形式在景观中扮演着自己的角色，绽放出道路的魅力。

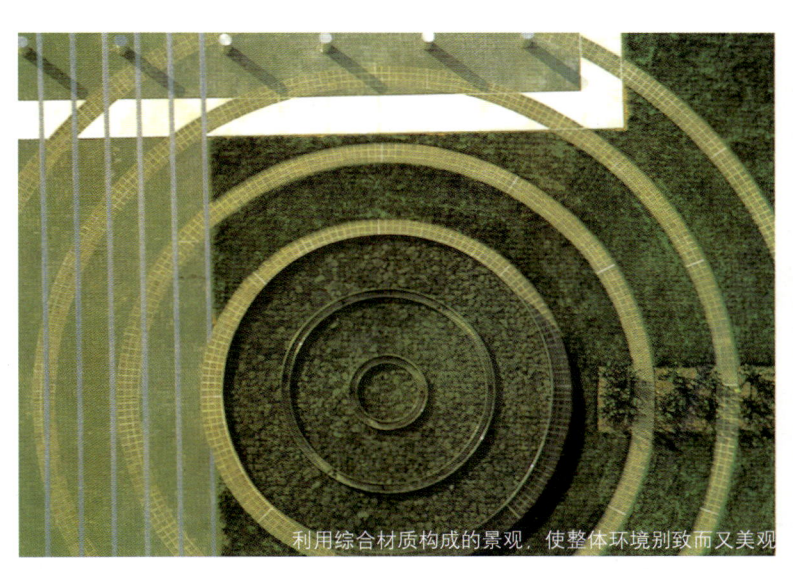

以石块和绿草相间的地面

利用综合材质构成的景观，使整体环境别致而又美观

以鹅卵石铺装的地面

其他材料铺装的地面

碎石铺装的地面

（二）踏步与坡道的地面处理

踏步与坡道在道路的设计中起着引导空间划分的作用，承担起上下交流的人流通道。由于踏步与坡道在形式和形态上构成的特殊性，常常被设计师利用和创造，形成了富有戏剧色彩的空间构成，提高了不同标高地平空间的流动感和连接关系。

湖面上异形的步道区，简洁、雅致

湖边的碎石地面与水面形成质地反差

水筛与地面相结合而构成了美丽的图案

水筛与地面相结合而构成了美丽的图案

第二章 景观设计的思维方法

水泥地面采用弧线、直线和草坪相结合构成的，地面具有现代感

木质地面构成温暖的感受

从自然环境中界定出规整式的下沉地面

美国·加利福尼亚州科学中心 平面的双螺旋线运用喷砂饰面构成的小路与草坪结合形成独具特色的庭院景观

由多彩的石块镶入的地面

61

喷泉的形态

喷泉的形态

《深圳特色楼盘01》作品

八、景观设计的水体要素

水与人们的生活、人类文明和城市的起源息息相关，水是生命的象征，哪里有水哪里就有生命，是一切生命机体赖以生存的首要条件。人们在有水的地方建设自己的家园，创造着自己赖以生存的环境。水永远是城市生活中充满无限生机的内容，它体现着人对自然的依赖。

水景的构造以水景存在的形式、造景手段所构成。

（一）水景存在的形式

点构成喷泉、水池，线构成瀑布，面构成湖面、池塘。

1．喷泉

喷泉主要以人工喷泉景观的形式美化着城市环境——从城市广场到街道，从庭院到小区，从公共场所到私家花园……喷泉因其所处环境的层面、性质、空间形态、地理位置的不同，以及观赏者在心理方面的不同要求而在形式上千变万化。

2．水池

水池的形式主要是指小规模水池和水面，如露池、小型喷泉池等，它在城市的庭园广场、街道等环境中装点着城市，设计精美、耐人寻味。

3．瀑布

瀑布是由水位落差所构成的天然的或人造的落水。瀑布常与水池构成一个整体。由于瀑布的落差和水流量大小的不同，常常创造出极具个性特色的水景，给人以清新的感受。

4. 河流、湖泊

河流、湖泊指具有一定规模的自然景观。景观设计常常借助于河流、湖泊的开放性，形成气势磅礴的景观效应。

（二）水景造景手段

用虚、雄、奇、秀来造景，用波、光、影、洁、清、纯来造景，创造观赏性的水景。借游、渡、踏、溅、泼、戏来创造娱乐性。用接近、融入来达到参与性的目的。

水景设计往往是为了扩大空间感，常运用镜面形象、透视、虚幻等效应。通过纽带作用、导向作用来达到延伸景观的目的。用水景激活人的情绪，给人以净化心灵、振奋情绪、抒发情怀的意境。

九、景观设计的绿化与植栽要素

绿化是城市景观构成中最重要的要素，它不仅有取悦于人们心理的功能，而且可以调节人类的生理机能，具有改善气候，保持生态平衡的重要作用。各种各样的绿化植物丰富着我们的环境；植物的不同造型美化我们的生活；植物的四季轮回，变换着形象，给城市环境赋予不同的容貌和性格。

如何选择植物并对其作妥善的规划应用，一直是设计师十分关心的问题，在这里就绿化的功能及具有代表性的树木、草坪、花坛在景观中的种植形式作介绍。

日本"花园都市塔楼"

水体植物景观

（一）绿化的功能

绿化具有改善气候、改善卫生环境、蓄水防洪、防御多种灾害和美化环境的功能。

1．改善气候

调节气温和湿度，增强城市的竖向通风，分散并减弱城市的热岛效应，降低风速、防止风沙。

2．改善卫生环境

可以吸收二氧化碳，提供足够的氧气，降低空气中的二氧化碳、氟化物、氯化物，有防尘、减少噪音的作用。如乔木、大叶黄杨、珊瑚树、松柏、桉树……

3．蓄水防洪

由于绿地降低了地表径流，因此减少了地表径流对河、湖的污染。如绿地地面略低于道路广场则可以提高蓄养水源、减少洪害的能力，在坡地上铺草则能防止土壤被洪水冲刷而流失。

4．绿化防灾

河流及配植有防火树的道路等空间有防止火灾蔓延的作用。防火树有橡树、栎树、银杏树、木荷、八角金盘、法国冬青树。

（二）树木基本植栽形式

树木分为乔木、灌木、藤木类。树木除了有不同的品种外，还有不同的形态和特征，下面介绍树木的基本种植形式。

1．孤点植栽

孤栽用点的形式来植栽，在领域空间中占有重要位置。

2．两点植栽

为了突出景点的对称或均衡，两点植栽是常用的手法，起到让人的视点集中在中心上的作用。

3．列植形成的线或线段的种植

这种种植是选用相同树木按等距离排列种植，可以起到划分空间的引导作用，常常种植在邻城的入口处和街道两旁。

4．追求自然风格的自由式植栽

在公园、花园及背景的处理上常用此手法。

（三）植栽对空间的作用

树木在环境空间的处理上，根据性质、功能、特殊差异的不同对空间具有限定作用。

1. 围蔽作用

根据环境的需要遮挡人的视觉，为寻求空间的独立性而进行围蔽。

2. 突出空间的作用

为加强某空间的重点植栽树形，用形体完美的观赏性树木来强化和突出空间。

3. 连接过渡的作用

空间与空间之间需要通过连接与过渡的手法来丰富和完善空间，让空间的视觉更为流畅。

4. 点景和装饰作用

使景点形成节奏感和突出重要景点，加强空间的视觉效果。

《园林景观设计从概念到形式》作品

（四）草坪要素

草坪也称草皮。植栽人工选育的采种作为矮生密集型的植被，经养护、修剪形成整齐均匀的覆盖。草坪的铺栽具有改善环境、滞尘、防尘、防止土壤冲蚀、补充地下水、净化地面水、降低地面温度、减少辐射、减弱噪音的作用。

草坪的培植设计应考虑草种的生长特点，多年生草本繁殖力强，便于人们观赏及具有耐踏性，能更好地提高环境质量。草坪常与其他设施组合，具有更好的视觉效果和美化环境的功效。

（五）藤栽要素

藤栽植物本身无法直立，往往借助其他支架而生长。

藤栽植物攀爬后的造型是依据其架子的成型而变化的，所以架子的不同也给藤栽植物创造了多种多样的形式。有附在建筑外墙与建筑连成一片的，有与架子、棚架结合而成的藤架，它们不仅给人以美的享受，而且还为人们提供了消夏避暑的场所。由于不同的组合，藤架在空间环境中可以起到空间划分、引导人流、丰富空间、点缀景点的作用，对丰富空间的层次起到领域的作用。

（六）花坛要素

花坛的设计在城市景观中具有点缀景观、突出景点的作用。

由于花坛精美的造型备受人们的喜爱，且同一时期有多种花卉，同种花卉有不同的色彩，它们组合成交错繁多的图案。它的组成形式可以是对称的组合花坛，也可采用较为自由的形式进行多种组合。

由于花对一个国家、一个城市都具有象征意义，所以花坛在城市环境中占有重要的地位。如腊梅花越冷越开花，体现一种花的傲骨，象征坚韧不拔的精神；牡丹花富贵娇容，给人国色天香的气派；紫荆花象征繁荣昌盛，让人对未来充满信心。花坛不仅种植花草，它与树木、喷泉、水池、雕塑、休闲区、漫步道结合运用，具有丰富多彩的艺术效果，能极大地提高观赏价值，创造良好的环境质量，给人以心旷神怡的审美效果。

十、景观与城市雕塑要素

城市环境的美化需要多种多样的艺术形式来表现自己的个性、渲染气氛。城市雕塑在环境的表达中扮演着重要的角色。城市雕塑作为公益性的宣传和美化设施，它具有教育、纪念、美化、游乐，体现环境个性的功能。

（一）教育性雕塑

它能让人们记住这座城市在那时曾经发生过的重大事件，让人从中了解这座城市历史文化的发展变迁，以唤醒人们对某一时期的纪念和珍惜，引起大众丰富的联想，使环境景观有文化、历史和教育意义。如南京的雨花台景观。

（二）纪念性雕塑

它具有崇高的审美含义，是物质形式和精神品质二者兼有的、伟大出众的形象。纪念性雕塑常常有一种壮美、博大、雄伟、壮观之感，具有内在的、慑人心魄的感染力。纪念性雕塑不仅有审美的意义，而且有加深认识和教育的意义，通过纪念性雕塑的展现，帮助人们认识社会生活和精神生活中某种值得纪念的事件。

红岩纪念馆反映了重庆战乱时车夫的生活状况。

(三) 装饰性雕塑

某种夸张手法的装饰性雕塑景观是以美化为目的,以新奇、惊异的造型来取悦大众,使人们充满奇异的联想和幻想。

(四) 游乐性雕塑

造型艺术和游乐设施相组合的一种景观表现形式,在景观中感受游乐的兴趣,在兴趣中享受环境。

安德烈斯·纳赫尔设计。 巴塞罗那的游乐雕塑。

第三节 把握景观中的设施

景观中的设施受到社会经济、生活方式、科技水平、建筑与城市规划的影响。人们的生活方式、行为和生活质量是随着物质的不断丰富、科技的不断进步而改变的。城市环境的设施是人们对一个城市物质环境质量好坏的评判标准之一。建立"最适化"环境景观和满足人的精神和物质需求是城市物质环境和文化环境建设的最终目标。

景观环境的设施关系到是否能与城市空间和环境建立有机和谐的整体关系,设施的功能及其形态、形式的完美结合,是设施与环境融为一体的关键因素。

景观设施追求功能的综合化。它不仅可以维护环境的整体化,同时为提高功效、节省空间、方便人们的生活发挥着重要的作用。尤其是在人口高度集中的地区,景观设施的综合性体现着极大的优势。

景观中的设施设计应讲究尽善尽美,尤其在工业设计、人体工程学、美学广泛应用于景观设施领域的今天,设施设计的处理更应讲求其人性化、精致化、美观化。这不仅能增加视觉心理功效、丰富景观语义,还体现对使用者的关心。从真正意义上讲,我们的设计应冲破封建的高墙禁区和紧闭的门府宅院走向大众,走进大街小巷;从高高在上的象牙之塔走到平民百姓之中,让文化走向开放民主之路,让人们生活更加丰富多彩,让我们的环境更加美好,让景观设施更加完善。

景观环境的设施在使用功能、造型、材质及色彩的运用和处理上，更加符合人体工程学和具备较好的视觉感受。设施向着更为广大的民众生活、社会大众文化、人的深层意识领域扩大。有为提高人们的生活质量，减少噪音、污染的设施，有为加强安全感和便利性而诞生的残疾人、老人和儿童的特殊设施。根据景观设施的不同类型分为以下几种：

一、场地内的休息设施

椅凳是景观中为人们提供必要的休息设施的一种，其位置靠近步道区，同时又和步道彼此分开，是流动人群中一个相对静止的空间，成为一个独立的休息区域。它常常以大片灌木丛、栏杆、风景为背景。椅凳等休息设施的位置、大小、色彩、质地等应与整体环境协调统一，可形成独具特色的景观环境，在造型上风格各异。

二、拦阻设施

拦阻设施以保障人、车的安全和便利而设置的。根据不同的拦阻对象和环境的要求分为强制性拦阻和警示性拦阻两种形式。

强制性拦阻是通过拦阻设施建立内外的隔离，形成行车的线路，阻断人流，保障区域内的人身安全，包括墙栏、栏杆、断墙、护柱、沟渠、防音壁等。

警示性的拦阻是一种规劝性的设施,在形式上劝阻人们的行为,防止造成生命不安全的情况发生,常见的有标志提示、道牙的设置、花草的栽植等。

三、照明设施

本世纪人们告别了火光照明时代,以电照明进入了人们的生活,并迅速得到发展和普及,从城市环境的照明到生活照明,给夜晚增添了无穷的魅力。随着光彩工程的开展和普及,城市功能的强大和生活内容的扩大,使我们的城市环境更加美丽。

灯光文化的魅力,在对景观环境的光的塑造上,有的以照明为主要功效,有的以烘托环境气氛为主要功能,勾画出城市夜晚动人的景色。景观需要灯光来突出其个性,照明设计由于功能不同,照明方式也不一样,有路灯、广场灯、建筑景观照明灯、喷泉水池灯、霓虹灯、信号灯、文化灯等。

玻璃金字塔夜景

四、服务设施

服务设施为人们提供多种便利和公益服务。如通讯联络设施的邮筒、电话亭，商业销售设施的自动售货机、售货车、服务亭，公共型设施有坐椅、饮水器、健身器、停车架，公共卫生设施有卫生间、垃圾筒，紧急救险设施有消防箱、消防井等。

服务设施以容量小、占地少，容易识别，造型具有个性，使用方便，分布广为特点，在城市景观设施中占有非常重要的位置，能提高景观质量和环境效益，是人们生活中不可缺少的。

有防晒、防雨、防雪、挡风等功能，而且还应有明确地告诉乘客所处的位置站牌，以及夜间照明、坐椅、防护栏等设施。

候车环境的设计在造型、材质及材料的运用上要注意识别性、自明性，解决好与环境的协调关系，同时要展现出城市的特点和个性，以及强烈的地域环境特点。

六、娱乐设施

娱乐设施的设置是为了给人们提供一个休闲娱乐、游戏的场所。它代表着城市人们的生活水平与质量，以及生活空间的多样化，是人们生活不可缺少的生活场所，在人们活动的过程中起着调节与放松精神的作用。

娱乐设施品种繁多，分为游戏设施和休闲设施。它的内容设置以人的各个成长发育阶段在心理、生理和行为方面的不同特点而设定，如攀、爬、跳、转等娱乐行为。娱乐设施在设计上应注意安全性、娱乐性、趣味性。根据不同的年龄应该注意设施不同的尺度、体量、色彩，便于操作与识别。

五、候车设施

候车设施是为方便乘客上、下车，转乘车辆而设置的场所。由于人们会在此作短暂的停留，所以改善候车环境，创造一个舒适的上、下车环境是非常重要的。候车设施不仅应

七、广告设施

广告在城市环境中扮演着重要的角色。广告以它特有的传播方式，在城市中起着重要的传播媒介的作用。人们所接收的大量信息都是通过广告导入的。

城市商业广告，在城市环境中产生着很大的影响，在城市景观的舞台上占有一席之地。广告设施以其庞大的阵容、丰富的内容、多姿多彩的形式、精心的设计，体现整个城市乃至整个地区的社会经济文化水平。城市环境中的广告媒介主要包括报刊、影视墙、车辆、热气球、广告牌等诸多形式。

八、文化设施

有意识地把文化注入景观设计中，能赋予景观一定的文化内涵。文化特征表现为隐性文化和可视文化。

隐性文化指的是对景物文化的感受，比如：民俗文化本身是通过历史相沿，积累而形成的风俗、习惯，我们可通过歌谣、故事、传说、谚语等去感受民俗文化中大量的审美内容。另外还包括了宗教文化、传统文化、怀旧文化等隐性景观文化。

可视文化是人们通过直观的形式来感受的一种文化形式，常见的文化有雕塑、壁画、博古架、石头书写文化、纪念性景观等。可视文化在景观中成为人们的视觉中心，也是景观主题的再现。

景观中的广告

文化景观

文化景观

九、无障碍设施

城市作为一个民主和谐的社会载体，对残疾人、老人和儿童给予特别的关注，让这个群体也能享受到我们景观所能及的地方。无障碍设施主要解决残疾人在行走、手部活动、视觉和听觉上的困难。

无障碍设施主要是要解决残疾人的行为和交往困难，在设计上主要有残疾人通道的设计，如在梯步的旁边有相应的坡道供轮椅的使用，宽度不小于2米，最大坡度为6%，两边必须设扶手；在道路上设置0.2米~0.3米宽的盲道，方便盲人行走；公共卫生间不能有落差，要满足轮椅在里面转动的要求。其他还包括了残疾人的休息场所、公共电话亭、服务亭和休息设施……

第四节 把握景观中的形式

景观的布局是通过一定的形式语言法则，经过景观设计师的着意安排而创造展现的。景观以不同的形式布局展示自己的个性和绚丽多彩的美丽景色。

在景观设计中，景观往往不是以单一的形式出现，它需要各种形式要素相互组合和相互作用，呈现出多种多样的形式布局，给人以丰富多样的视觉感受。

如何理解景观中的形式？我们从多样统一、对称与均衡、对比与协调、抽象与具象、对比与微差、比例与尺度、主从与重点、显示与掩饰等形式法则进行分析。

一、多样与统一

多样统一，也就是在统一中求变化，在变化中求统一。多样统一是形式美的总法则。其他的形式美的法则都要统一在这个总法则之下，它是形式法则的高级形式。

多样统一是指形式组合的各部分之间要有一个共同的形式结构和节奏，使人感到整个艺术作品内部既有变化和差异，又是一个统一的整体。

多样统一体现了自然界对立统一的规律。整个宇宙就是一个多样统一的和谐整体，多样体现了事物个性的千差万别，统一体现了各个事物的共性或整体联系。

任何艺术作品都是由多个既有区别又有内在联系的部分组成，只有按照一定的规律，把它们组合成既有变化又有秩序的一个整体，才能有机统一地唤起人们的美感。

多样统一的和谐美是呈现艺术美的关键，它要求将多种因素有机地组合在一起，既不杂乱又不单调，使人感到丰富多样，活泼而又有秩序。

多样统一包括形式统一原则、材料统一原则、局部与整体原则等方面。这些形式美的原则不是固定不变的，它随着人类生产实践、审美观、文明修养的提高和社会的不断进步而不断地演变和更新。

二、对称与均衡

对称与均衡同属形式美的范畴，所不同的是量上的区别。

对称是以中轴线形成左右或上下绝对的对称和形式上的相同，在量上也均等。对称形式常常在景观规划中被运用，也是人们比较乐于接受的一个规划形式，体现庄重、严整，常常用于纪念性景观和古典的布局中。

均衡是在形式上不相等，在体量上大致相当的一种等量的布局形式。由于自然式景观规划布局受到功能、地形、地势等组成部分的条件限制，常采用均衡的表现手法进行规划，并运用材质、色彩、疏密及体量变化给人以轻松、自由、活泼的感受，常运用于比较休闲的景观空间环境。

比之于对称在心理上偏于严谨和理性，均衡在心理上则偏于灵活和情感，具有动势感，应用于设计可以带来构成的无限变化的景观，以增强其表现活力。

三、对比与和谐

对比与和谐反映了矛盾的两种状态，对比是在差异中趋向于"异"，和谐是在差异中趋向于"同"。

对比是在设计中表现出构成要素的差异和分离，是表达物象的基本手段，它能使物象产生富有活力的生动效果，使人兴奋，提高视觉力度。

对比是差异性的强调，是利用多种因素的互比互衬来达到量感、虚实感和方向感的表现力。如形的大小、方圆，线条的曲直、粗细、强弱、多少、疏密，空间的大小，色彩的明暗、冷暖对比等。

和谐是近似性的强调，是使两种以上的要素相互具有共性，形成视觉上的统一效果。和谐综合了对称、均衡、比例等美的要素，从变化中求统一，能满足人们心理潜在的对秩序的追求。

景观设计中的对比与协调，它们既对比又统一，在对比中求协调，在协调中求对比。如果只有对比容易给人以凌乱、松散之感，只有协调容易使人产生单调、乏味之感。只有对比中的协调才能使景观丰富多彩、生动活泼、风格协调、主题突出，也才能使人感受到景观带来的兴奋与感动。

四、对比与微差

对比与微差的表现形式很重视造型中的对比关系，如构成形式、空间与结构等，但对比必须寓于统一。造型中的微差变化可以细化和增加空间的精美感，使造型更加完美、和谐。如：景观设计里的道牙，形体之间的收口，整块造型里的图形穿插，构件的连接等都符合视觉心理的细微差别。微差是指要素之间的微妙变化，它能创造出精致细腻的情感，让我们的设计在对比和微差中体现完美的统一。

五、比例与尺度

比例是景观设计中相对的度量关系，是解决物与物之间的比例关系，是空间里各部分相对的尺度。合乎比例和满足

美感的尺度是景观设计中形式美的理性表达,是合乎逻辑的显现。景观设计的比例关系表现在实体与空间之间的关系、虚与实的关系,封闭与开敞、凹凸之间、体量之间、明暗之间的比例关系。比例的概念和一定历史时期的技术条件、功能要求以及一定的思想内容是分不开的。尺度是景观设计局部与整体的可变要素与不变要素的对比关系,是物与人之间建立起的一种紧密和依赖的情感关系,其目的是使空间更加实用、美观、舒适,所以尺度的合理性还与人的情感有关系。尺度有可能随着人们的情感变化、人们审美要求的变化而变化,只要是合乎人们心理的尺度关系就可以不断地调整和更新。比例与尺度相结合,规定出若干具体的尺寸,以保证文化空间形式的各部分之间和谐有致,符合正常人的审美心理。

六、主从与重点

主从关系是整体和局部之间的法则,文艺作品创作中有主题与副题、重点与一般的创作形式,在许许多多的设计要素里,各部分的组合要避免千篇一律、不分主次的处理,只有做到主次分明的不同处理才能强化主题的内容,才能使文艺作品更有感染力。体现主从关系的表现手法,如:通过两边的对称关系,把要表现的主题通过中轴线形成视觉中心,使重点突出;也可以通过大小的造型关系体现主从关系,视觉上的差异让大体量的主题在人们的面前更注目,从而形成主从关系。

重点是指设计中有意识地突出和强调其中某个部分,使其成为整体中最能产生视觉吸引力的"兴趣中心",其余部分明显属于从属地位,从而达到了主次分明、完整统一。

七、显示与掩饰

显示与掩饰是两个对立的统一体,"显示"就是把真实的东西表现出来,以展示自己的魅力。"掩饰"是把真实的物体遮蔽起来,形成一种虚幻和朦胧。在景观设计里,显示与掩饰常常用来表现一些反映空间的层次关系和形成分隔的空间形式。比如常用假山、瀑布、植物等物质手段来形成空间的显示与掩饰的表现手法,让人产生朦胧的虚幻美。

显示与掩饰实质上是一种虚实的表现形式,作品的构成要素中应该有虚有实、虚实呼应。"虚"是为了突出"实","虚"中有"实"、"实"中有"虚",才别具一番审美情趣;到处都实实在在,一览无余,人们的兴趣则会跌落千丈。

本章小结

1. 主要概念与提示

① 空间是通过生理来感受空间的限定。

② 场所是通过心理感受来领略空间的限定，也许是湖水、也许是树林……

③ 领域是界定人们精神方面的空间度量。如：山林、湖上的小岛、水域……

④ 视觉空间是我们眼睛所能看到的景象。

⑤ 心理空间主要解决的是情与景的关系问题。

2. 基本思考题

① 如何理解景观设计的基本要素在特定的环境烘托下展现自己的个性？

② 景观中设置无障碍设施的形式和意义？

③ 景观设计有哪些形式语言？试举例。

3. 综合训练题

① 设计一个无障碍设施通道和休息区。

② 考察一个现有的景观规划，分析其表现形式的好坏，并写出调查报告。

（以上可选择做一题）

第三章 景观设计的表述方法

景观，实际是按人们的行为习惯和需求方式，根据一定的功能关系进行组织，由各种环境设施构成，以满足人们某种行为功能需求和精神文化需求的建设行为，也是为了满足当代人们的某种生理和心理需求的公共设施。

第一节 景观设计的基本程序

景观设计是一门极其复杂而庞大的综合性学科，内容广泛，专业知识面广。它包含科学、技术、艺术、市场以及人们的心理活动等。作为一个景观设计师，必须了解社会，了解时代，了解人们的心理活动，了解委托方的经营目标，除此之外，要做一个好的设计师，保证设计质量的重要前提是把握好景观设计程序，以便运用设计程序来掌握科学合理的设计方法。一个好的设计方案，必须有一个总体工作计划和操作程序。当进行一项设计活动时，一个周密的设计计划、一个基本的设计程序，以及认真负责的态度是必不可少的。

景观设计的基本程序首先必须了解我们的设计对象、制定设计流程，然后进入设计准备阶段、设计构思阶段、设计的初步方案阶段、方案深化阶段、方案确定阶段，最后是施工监理阶段。

一、设计对象

设计师在设计之前，必须了解我们的设计对象才能满足服务对象的需求，满足社会与生态发展的需求，从而了解景观设计的性质。设计对象包含以下几个内容：小区规划景观、旅游规划景观、度假规划景观、休闲娱乐景观、游乐场所景观、城市公共景观、教育景观等，这些景观都有不同的功用和不同的文化理念。

二、设计流程

不同的设计项目对象都有不同的要求，但设计流程基本是相同的，设计流程是设计工作最痛苦，也是最有挑战性的阶段。设计流程包括以下几个阶段：设计准备阶段、设计初步阶段、设计深化阶段、设计表现阶段、设计施工图阶段、设计交底报告阶段。

三、设计准备阶段

设计准备阶段是设计的开始，为设计做准备有下面几个内容：设计准备、场地分析、人文环境分析、相关资讯。

（一）设计准备

我们在做景观设计之前，首先要接受设计委托书，然后有一个设计准备阶段。在此阶段必须明确设计任务和要求：明确设计期限并制定设计的进度安排，考虑各有关工种的配合与协调，明确设计任务和性质、功能要求、设计规模、等级标准、总造价，根据任务的使用性质创造景观环境、文化内涵或艺术风格等，熟悉设计有关的规范和定额标准，收集、分析必要的资料和信息，包括对现场的调查、勘探以及对同类型实例的参观等。

接受委托：委托是客户的需求，由委托方提出服务的内容、目的和要求。受托方接受委托后达成双方之间的协议，并形成文字性的委托合同。

明确设计任务和性质，了解设计的目的，把握服务对象，掌握设计的内容、设计目标、技术指标、项目的运行结果，对可行性报告的分析，对项目特点的了解等都需要我们作详细的数据统计。只有明确自己所设计的任务后才能知道己所设计的内容及范围；检尺就是核对图纸和现场是否有差异。对现场实际的考察可以增加对空间的实际感受，对现场的基础设施、配套设备作详细的记录和了解，充分把握设计的全部资料，以便作好详细的计划和安排。

了解设计的规范：对设计规范的了解是为了更准确地成就一个景观的品质，所以我们必须很清楚地了解它关系到用什么样的风格、材料，什么样的造型……

河谷	底部平地1公顷	小山丘顶部	高地粮区1公顷
小山丘底部	耕种地0.16公顷	人类用地	村庄0.9公顷
小山丘坡面	梯形地1.4公顷	峭壁	林区2公顷

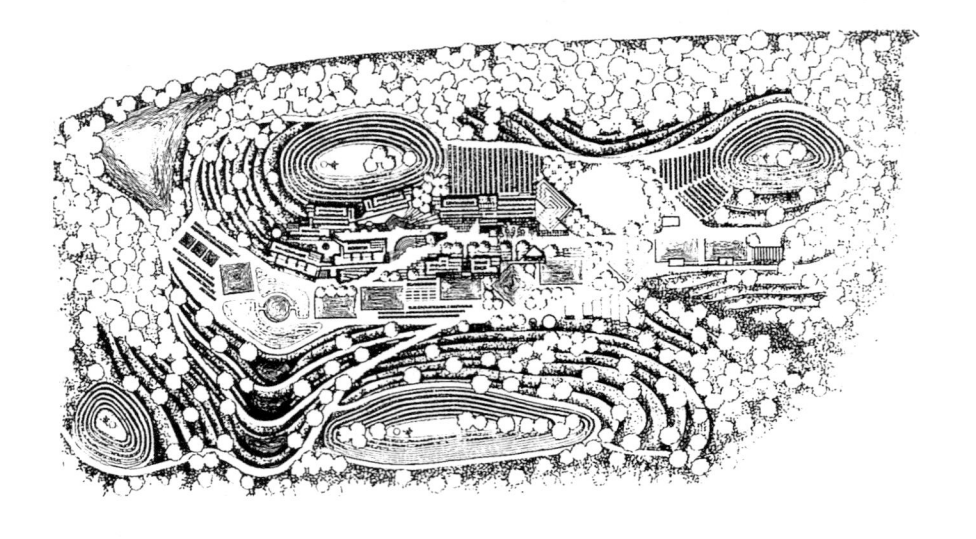

应该做什么，应该怎么做，使自己的思路不会偏颇。

设计的功能要求：在全面掌握该功能的具体要求后，应充分收集功能所需要的素材和资料，制订一个工作内容总体计划，拟定一个准确而详细的设计清单，这样才能把握工作内容和时间进度的安排，保证设计工作的顺利进行，有效地对各个环节进行管理和监督。

了解设计规模：计划规模的大小直接影响到我们对设计的安排，对规模大小的了解包括设计的范围、设计的功能要求、经营和管理的详细计划。

了解现场的资料及检尺：对现场资料进行研究，了解自

（二）场地分析

场地分析是设计师作设计的依据，是在场地调查之后对场地特征和场地存在的问题进行分析。只有了解场地的有利因素和不利因素，才能避免设计上出现与场地不符的问题。定位和评估场地的自然特征对景观的格局、构建方式影响极大。

1．植被

不同的自然环境有不同的生态系统，植物的生存环境与当地的自然环境有很大关系。植被的生长条件取决于地面土壤和自然的气候，环境的污染也对植物的生长产生不同的影响。景观的规划要根据当地的土壤条件而进行，在自然环境有利于当地植被的情况下，再配以人们需要的必备设施和人工环境，才能创造出有益于城市发展、社会发展、文化进步的人文环境景观。

2．地形

对地形的了解包括考察地形所处的位置、面积，用地的形状，地表的起伏状况、走向、坡度，裸露岩层的分布情况等的全面调查。

3．环境气候

记录场地冬季和夏季的风向特征，了解环境气候的差异性。地域文化对人们的生活有很大的影响，热带和亚热带属于高温气候，人们希望有较好的通风环境，所以景观规划就应注意布局的开敞，夏季主导风向的廊道应架空处理，户外要有开敞的空间。而寒冷地方的城市环境则应采取集中的结构和布局，空间格局应封闭些，更多的是注意防寒设施的建立。

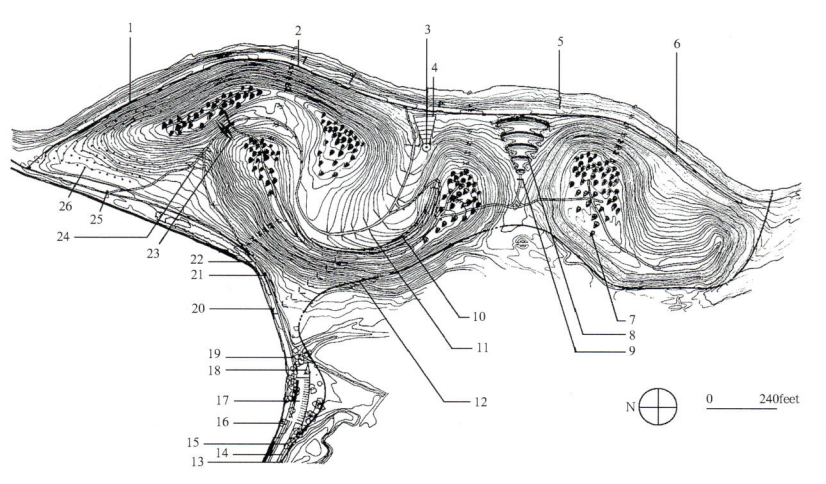

4. 周边环境

景观及其周边环境的地形、地貌和植被等自然条件常常是景观设计师要考虑的问题，也常常是设计师倾心利用的自然素材。许许多多优美的景观，大都与其所在的地域特点紧密结合，通过精心的设计和利用，形成景观的艺术特色和个性。

5. 场地尺寸

场地尺寸决定着经营的规模，不同的规模决定设计的导向。如果场所不大，我们在设计上就应设计得尽量小巧、温馨而舒适些，使客人有亲切感，最大限度地满足场所的需求。如果场所相对大些，在设计上就应该体现大气，在宏观设计理念上，不管是体现人气还是体现场所的气魄都应展现景观的人文精神。场地的尺寸是通过测量来获得准确数据的，也要记录建筑的特征，了解场地和建筑的排水位置，公共设施以及供电的情况，这样才能确定我们作业的范围和边界。

6. 原场地景观

了解原有的景观，考虑它是否能够被保留，是否被我们规划所利用，并分析它的利弊，这些是有好处的。

（三）人文环境的分析

只有明确设计目的，才能明确我们该做什么；只有了解人们的需求，才能明白我们应该怎么做；只有清楚地知道自己的设计方向，才能准确地表达设计理念。景观的人文环境分析主要包括人们对物质功能、精神内涵的需求分析，以及地域群体的社会文化背景等几个方面。人文环境的分析包括以下几个方面：

1. 防洪堤，设有长椅和垃圾桶
2. 15厘米宽的蚝壳带
3. 火苗
4. 锁眼
5. 坝面
6. 防洪堤上的现存植被
7. 种植着羽扇豆的土堆
8. 弧形护坡道
9. 风浪片
10. 灌木丛
11. 堰堤
12. 第一期填筑边界和植被
13. 砾路
14. 1.5米间隔
15. 沥青坝
16. 桉树
17. 碎石停车场和混凝土镶边石
18. 洗手间
19. 蚝壳路
20. 齿形纹饰
21. 界边上的长椅
22. 扩展区域
23. 土门
24. 堰堤
25. 岔路的指示标志
26. 焦点地段

拜斯比填筑公园

1. 爱好倾向分析

人们对景观的风格和类型有哪些爱好？对植物有什么偏爱？对运动有哪些喜好？

2. 交通工具分析

人们使用什么交通工具？便于我们设计时考虑停车面积和自行车位停放的多少，也为地面的铺装收集素材。

3. 人际交往分析

在设计景观的时候，我们必须了解现代人以什么方式进行交往，是否考虑读书角、交谈休息区、娱乐设施、户外餐饮等空间。

4. 服务需求分析

人们在场所进行一系列活动时，服务需求是必不可少的。包括垃圾箱的多少和距离，生活必需品的存储，是否设立爱犬玩耍的地方等。

5. 儿童活动区域分析

儿童活动场地所需的设施包括沙坑、秋千、大型玩耍的滑梯、场地的遮光处理……

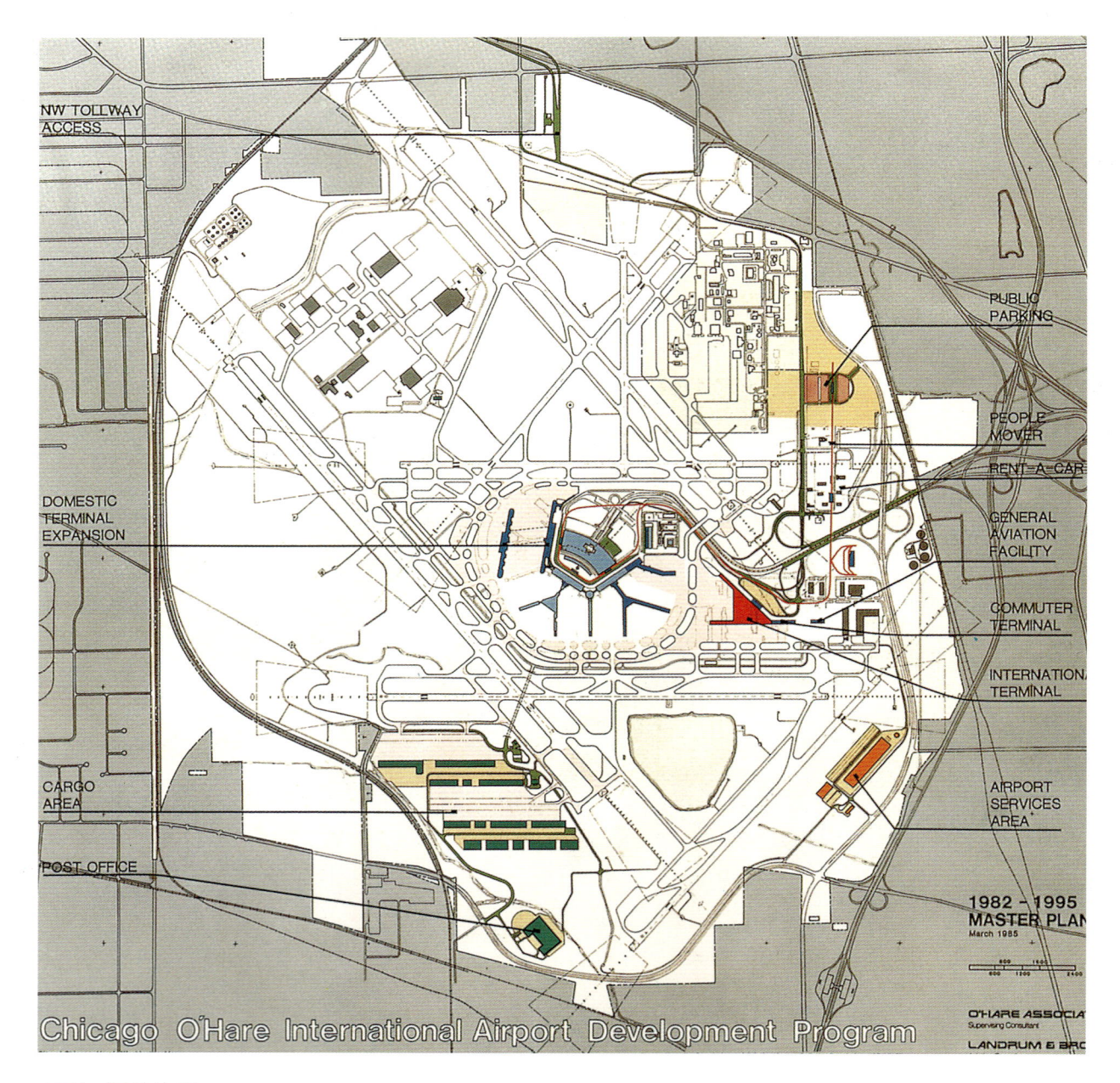

（四）相关资讯

景观设计工作所涉及的范围很大，相关的学科也很多，包括整个城市的发展与规划条例、国家的发展政策、相关的规划法律，城市的生态系统、公共设施的安全，人们的健康状况和福利，交通状况、城市光照、安全规范、行为规范、噪音、尘土、车灯的干扰情况……这些都影响着景观设计的定位。

四、设计构思阶段

我们把所收集的资料（场地分析、人文环境分析、相关资讯）进行整理，根据掌握的信息进行可行性分析和研究，然后再进行设计构思，以确保景观设计的定位。

主题是设计项目的中心思想，是为达到某种目的而表达的基本概念，是设计项目诉求的核心。主题是项目设计的脉络和主线，是处于第一位的决定性因素，始终主导着设计的全部活动，在很大程度上决定设计作品的格调与价值。

确立明确的主题思想是设计工作开始的先导，一个成功的设计必须有准确的设计思想和明确的设计方向，主题的构思是我们确立设计的依据。

明确的设计主题确立后，就可以根据主题进行创意构想，构想是否机智巧妙、充满智慧，是否具有很深的文化内涵，直接关系到景观作品的优劣与成败。以自己的生活体验和素材的积累大胆想象；以自己充沛的创作情感，找到最佳的创意切入点，反复思索推敲，最终会产生一个卓越的创意构想。

景观设计构思最忌雷同、抄袭和大同小异。在做好了一系列的准备工作之后，设计时思考问题和着手设计的起点就高。同时，设计时要有一个全局观念，掌握必要的资料和数据，从最基本的人体尺度、流动线、活动范围、设施与设备、尺寸和使用空间设计等着手。

设计构思阶段包括：了解设计对象；了解市场的需求；了解使用人群的需求；了解经营者的要求。

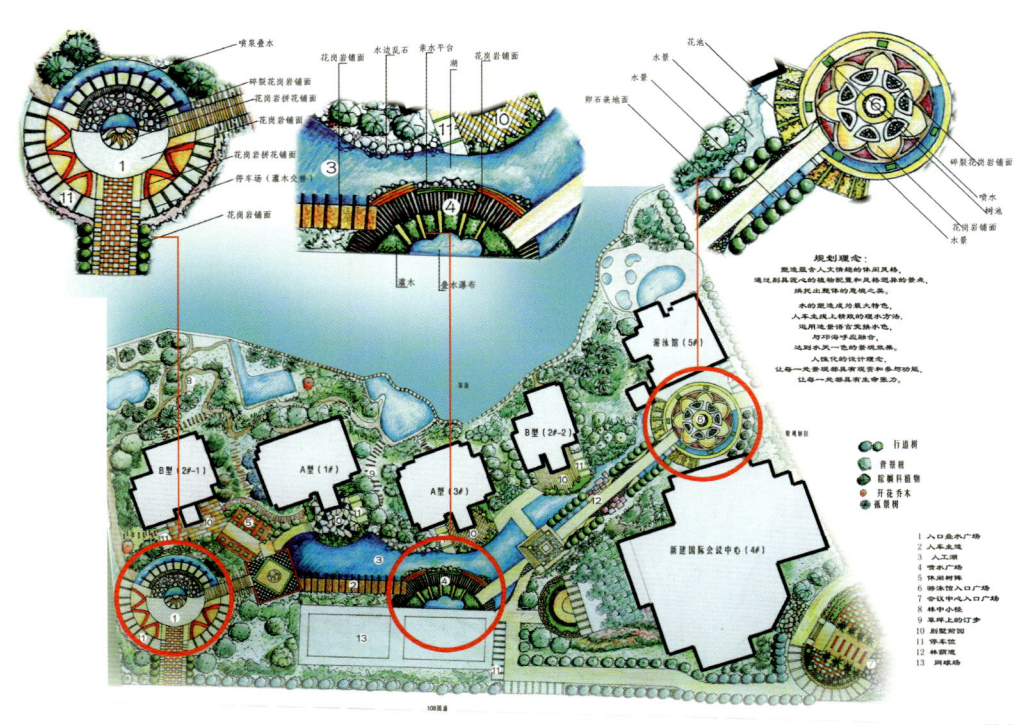

邛海宾馆新区园林设计方案图

五、初步方案设计阶段

在设计准备阶段的基础上，进一步收集、分析、运用与设计任务有关的资料和信息，构思立意，进行初步方案设计。初步方案设计阶段包括方案构思计划、视觉表现、方案比较、经费分配计划等内容。方案构思是在设计构思的基础上，通过一定的物质手段，以期达到某种设计效果和目标。

（一）方案构思计划

方案构思计划包括功能划分计划、空间处理计划、材料运用计划、设施分配计划、照明设计计划、形象设计计划、色彩运用计划。

（二）视觉表现

视觉表现是以视觉传达的方式，把设计师的设计思想运用于能交流的语言符号，展示设计师的设计理念。

（三）方案比较

方案比较是对不同构思的几个方案进行功能、效果、经济等方面的比较，以确定施工方案，达到完美的设计效果。

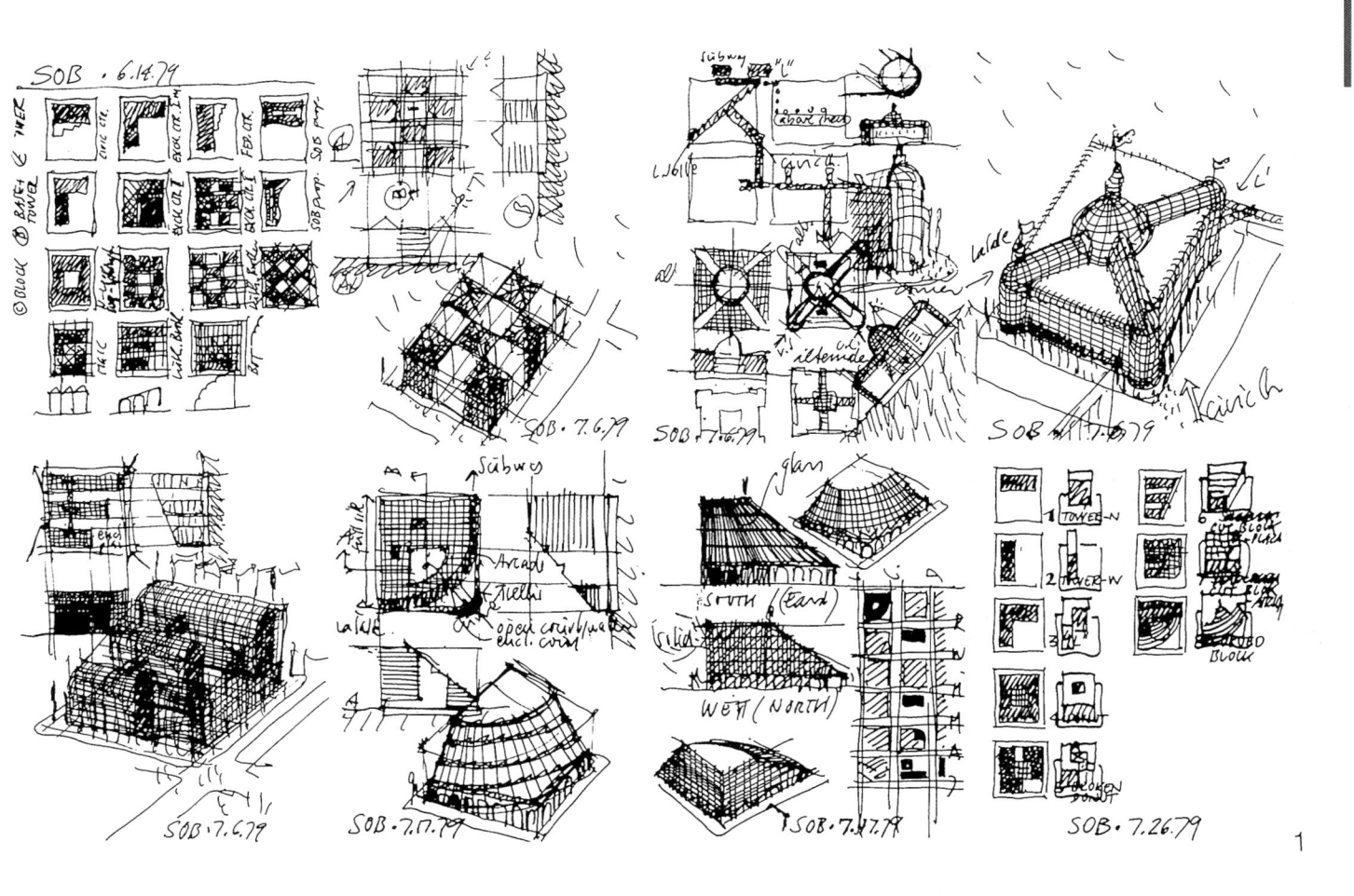

（四）经费分配计划

经费分配计划包括设计、设备、设施等所需要的资金，还有一些不可预见的费用，我们都必须有一个周密的计划和安排。整个工程的资金认可后，我们如何安排和分配这些资金，设计师应有周密的安排和绝对的把握。

六、方案深化阶段

（一）方案深化计划

对所选用的构思计划通过设计手段，对景观空间的处理作深入细致的分析，以深化设计构思。景观设计的方案深化阶段包括确定初步设计方案，提供设计文件。景观方案深化阶段的文件通常包括总平面施工图、竖向立面图、道路及场所施工图、植物配置施工图、景观建筑及小品施工图、景观装饰材料实样版面、声环境施工图、消防系统施工图、景观预想图、给排水施工图、照明施工图、设计意图说明和造价概算、施工设计大样图等。

1. 总平面施工图

对设计方案进行空间计划、功能分区——人流线路的合理安排，底下管线、建筑物、主要植物、地形、等高线、山石、水体、道路、广场、休息椅、放线坐标等各要素之间的关系，以及准确的基点、基线位置，这些都有利于施工的定位。

总平面图 1:500

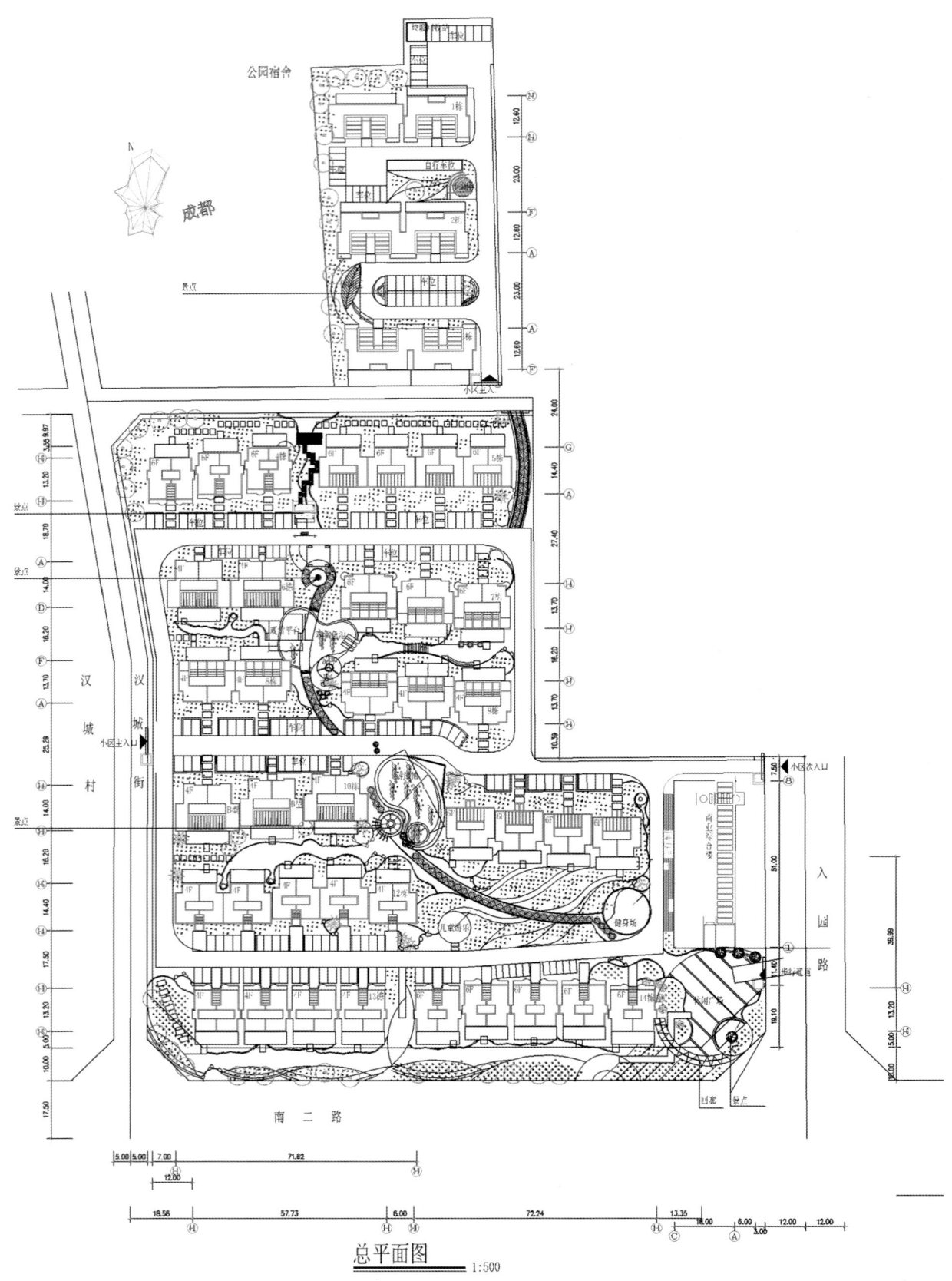

博雅桂湖郡规划总平面图。（刘宇设计）

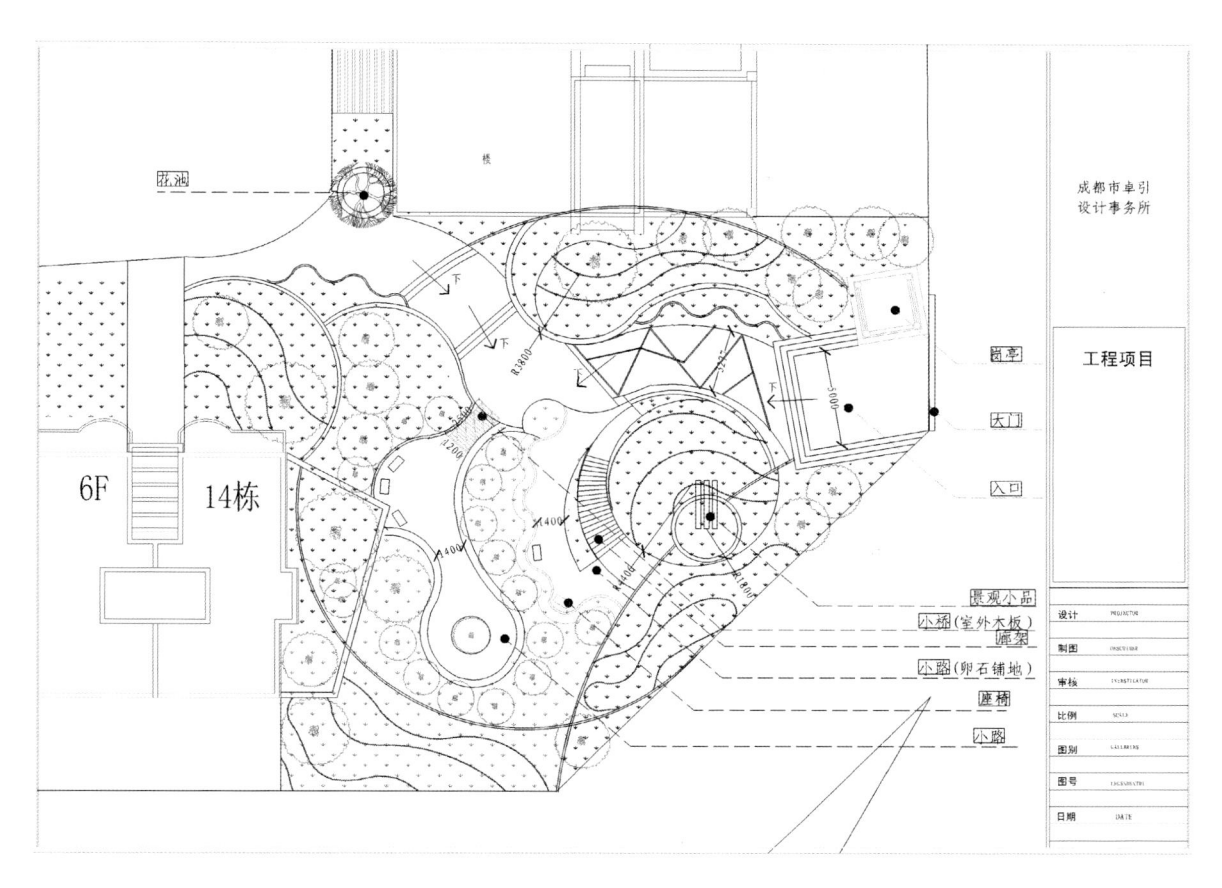

博雅桂湖郡规划平面图。（刘宇设计）

2．竖向立面图

竖向立面图主要是协调各要素之间的高差关系，包括等高线、坡道、梯步、排水、山丘、水流、景点等具体的落差。竖向剖面图表达各景点的进深关系，体现设计的体量、尺度、用材、色彩等。

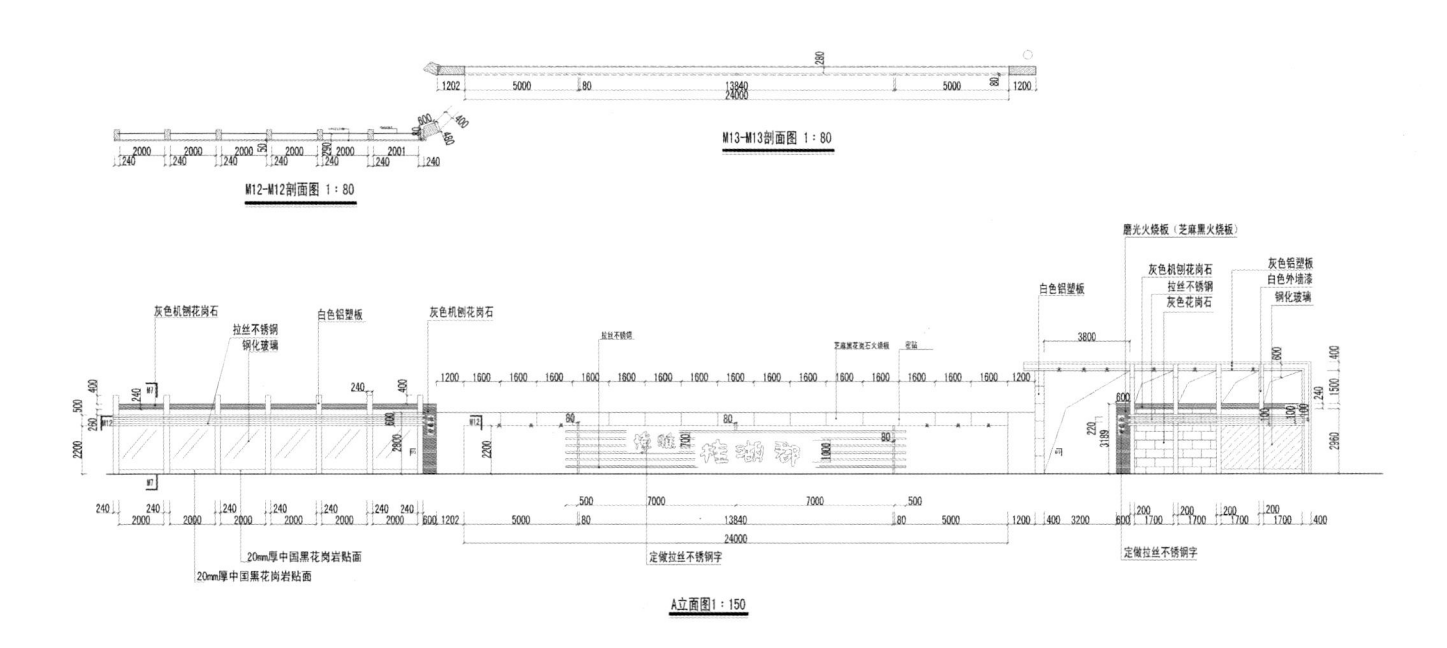

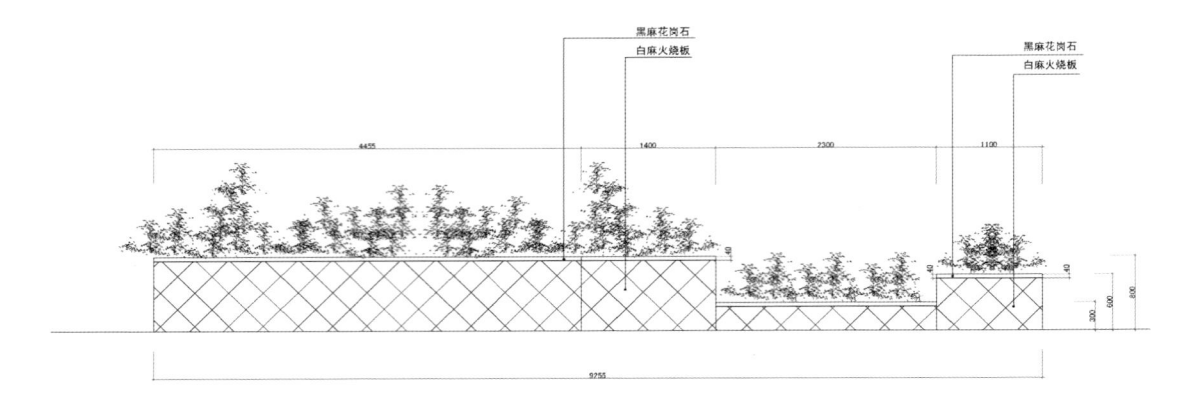

3. 道路及场所施工图

道路及场所施工图主要表明人流、车流及场所空间的具体位置、大小、坡度、方向，以及各景点与道路的关系、道路与场所的接点、道路路径的形式、道路的铺装意图等。道路及场所施工图包括道路及场所的平面图及剖面图。

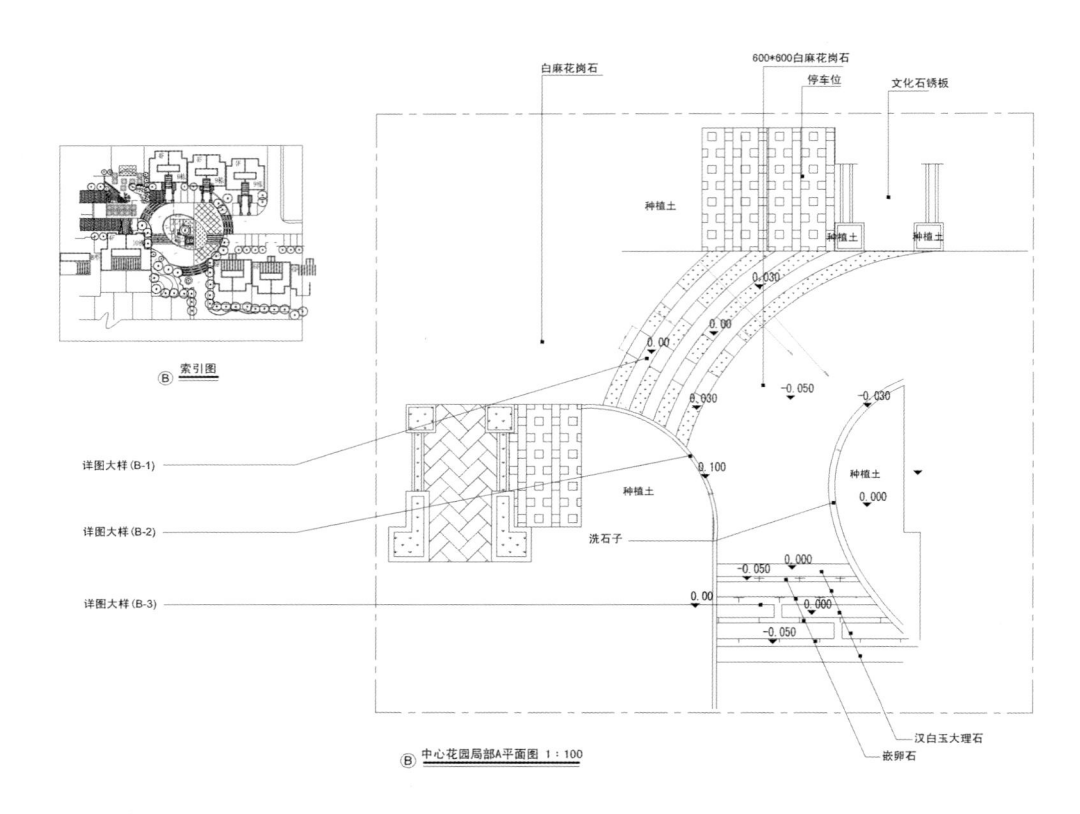

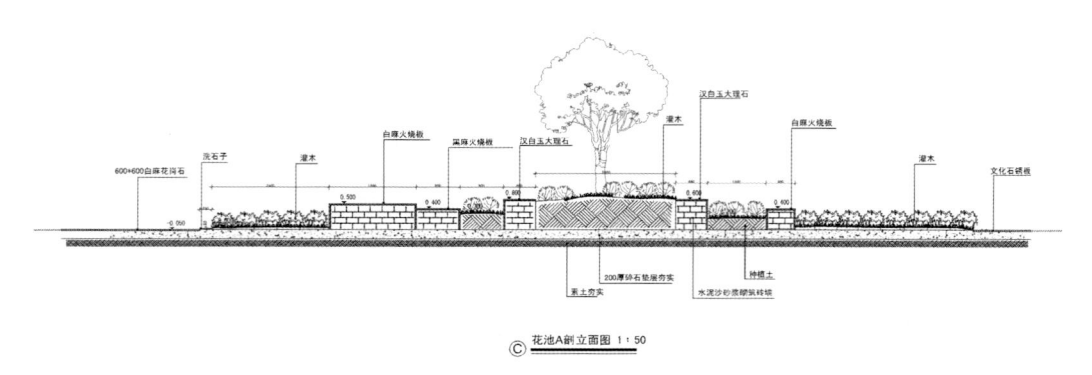

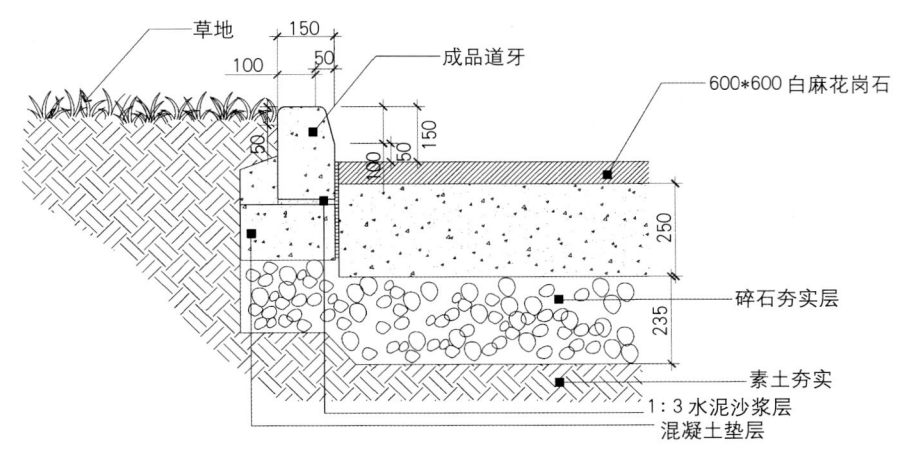

景观设计方法与程序

第三章 景观设计的表述方法

草地　　　　成品道牙　　　600*600白麻花岗石
碎石夯实层
素土夯实
1:3水泥沙浆层
混凝土垫层

B 详图大样B-2　1:10

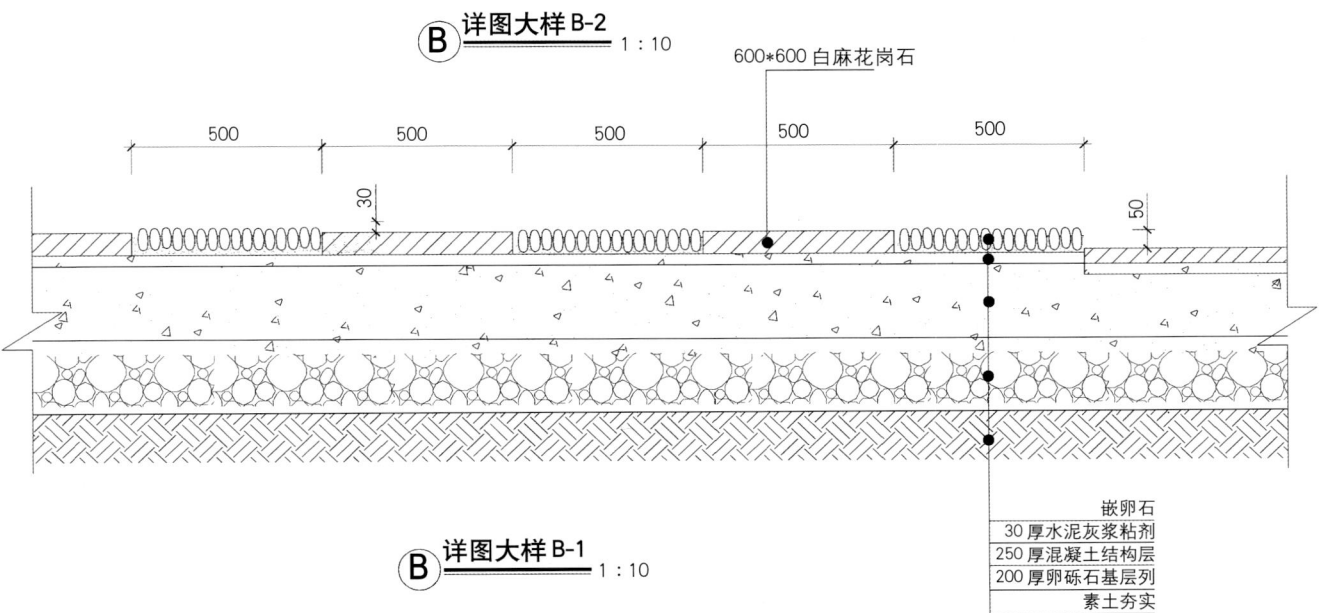

600*600白麻花岗石

嵌卵石
30厚水泥灰浆粘剂
250厚混凝土结构层
200厚卵砾石基层列
素土夯实

B 详图大样B-1　1:10

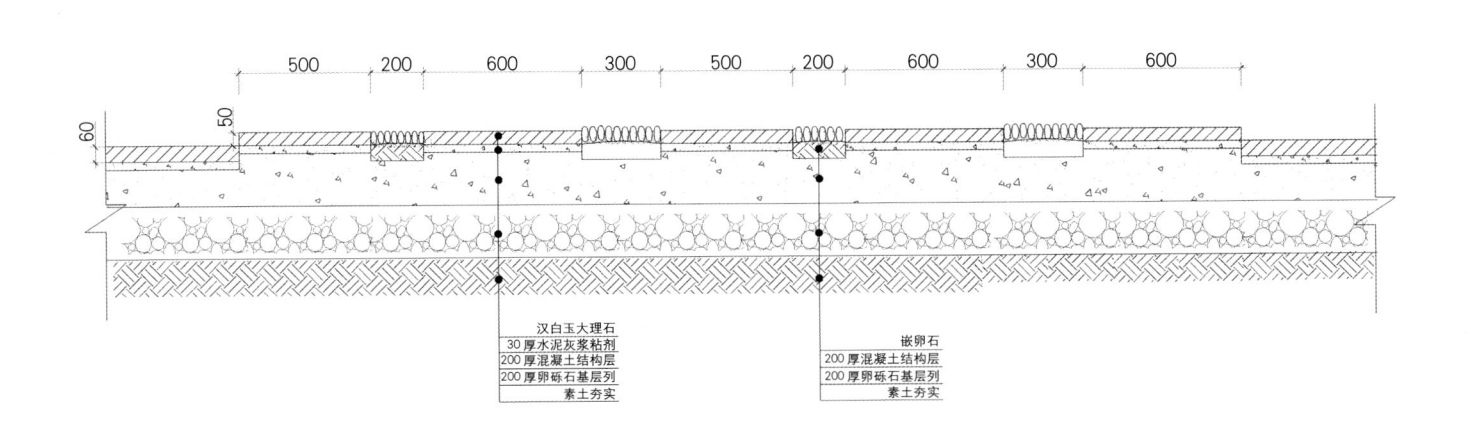

汉白玉大理石
30厚水泥灰浆粘剂
200厚混凝土结构层
200厚卵砾石基层列
素土夯实

嵌卵石
200厚混凝土结构层
200厚卵砾石基层列
素土夯实

B A-A断面图　1:15

89

4. 植物配置施工图

植物配置施工图中标明了植物的种类、植物的间距、植物的面积、植物的位置等。在植物的种类里，注明乔木、灌木、地被植物、花草、水体植物等（关于植物的具体用法请参照刘宇编著的《植物景观》一书）。植物配置施工图包括植物配置平面图及植物大样图。

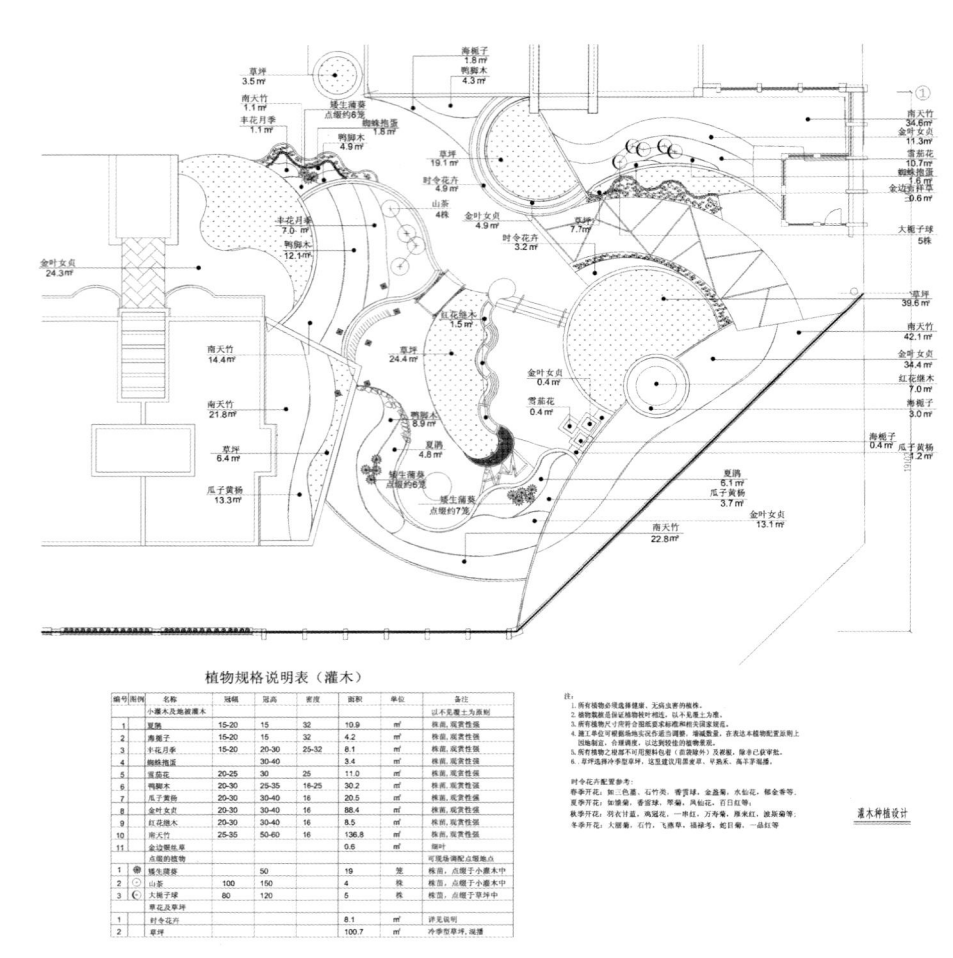

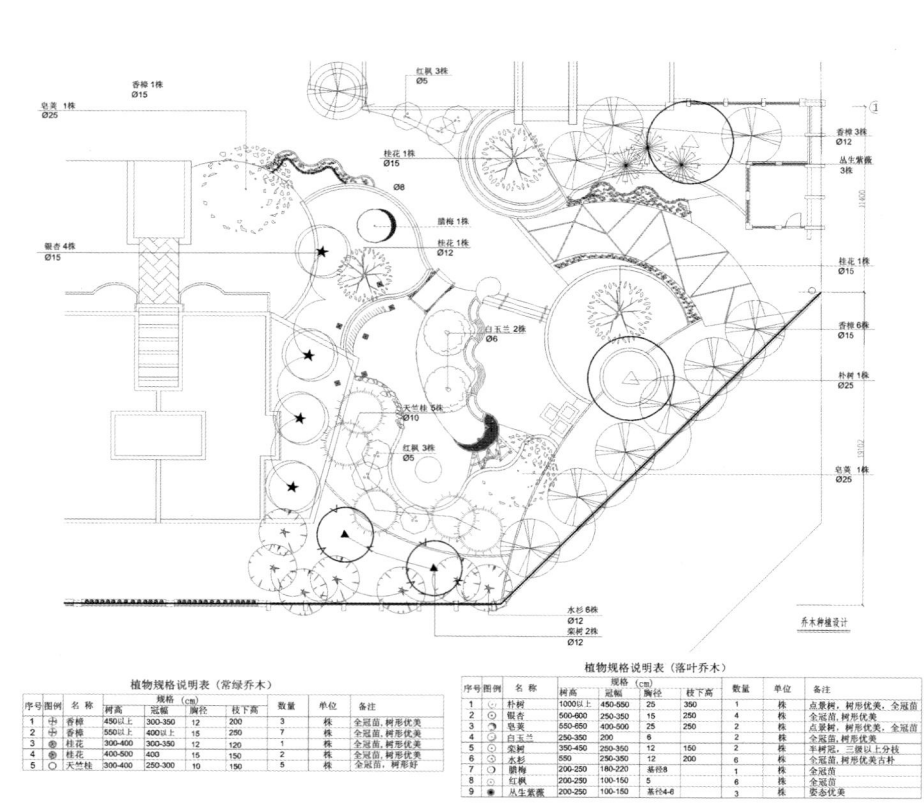

5．景观建筑及小品施工图

在景观规划设计中要标明景观建筑及小品所在的位置、大小、形状、方向等。景观建筑及小品施工图要有平面施工图、立面施工图、天棚图、接点和大样图、材料说明图。

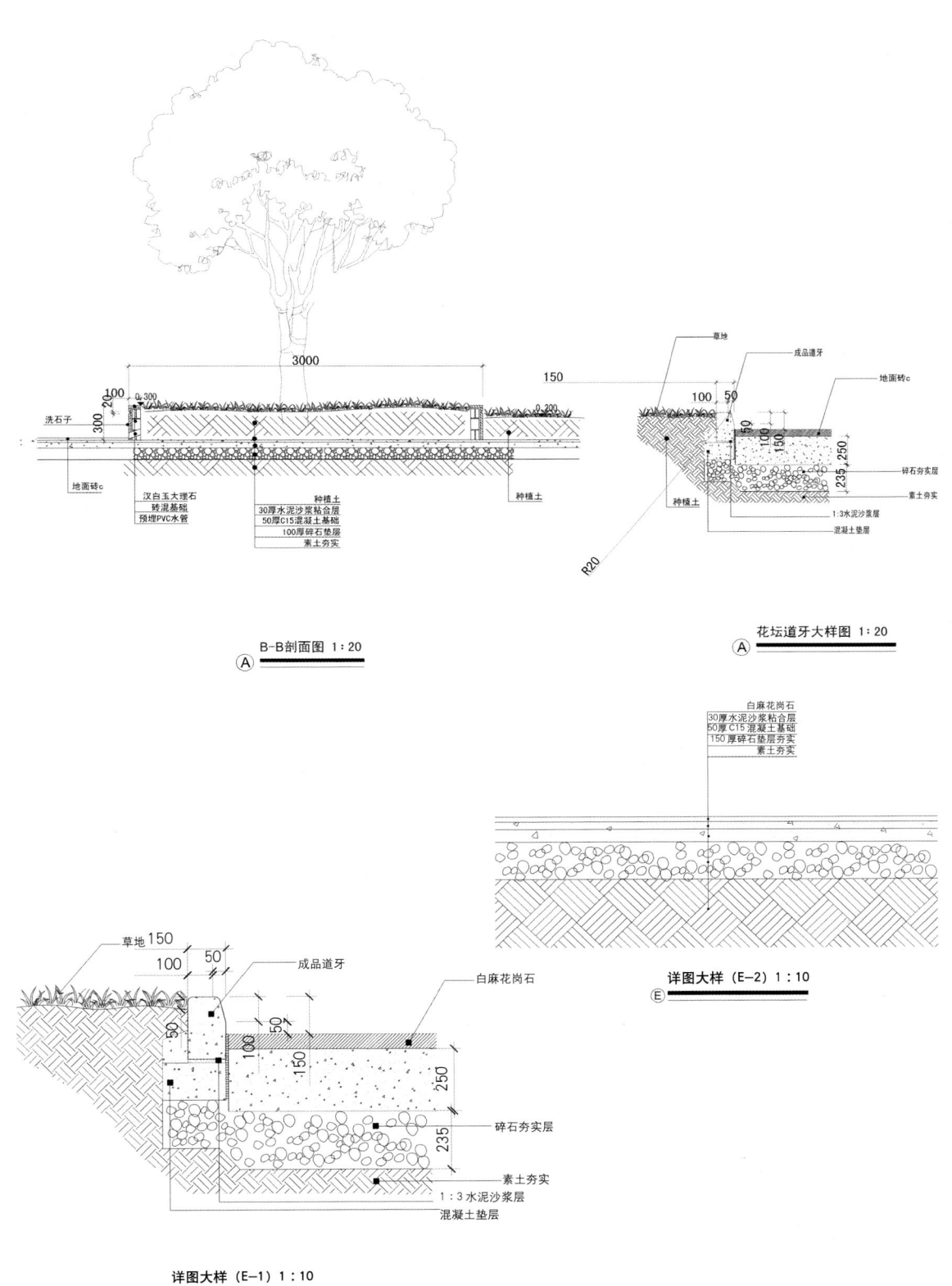

B-B剖面图 1:20

花坛道牙大样图 1:20

详图大样（E-2）1:10

详图大样（E-1）1:10

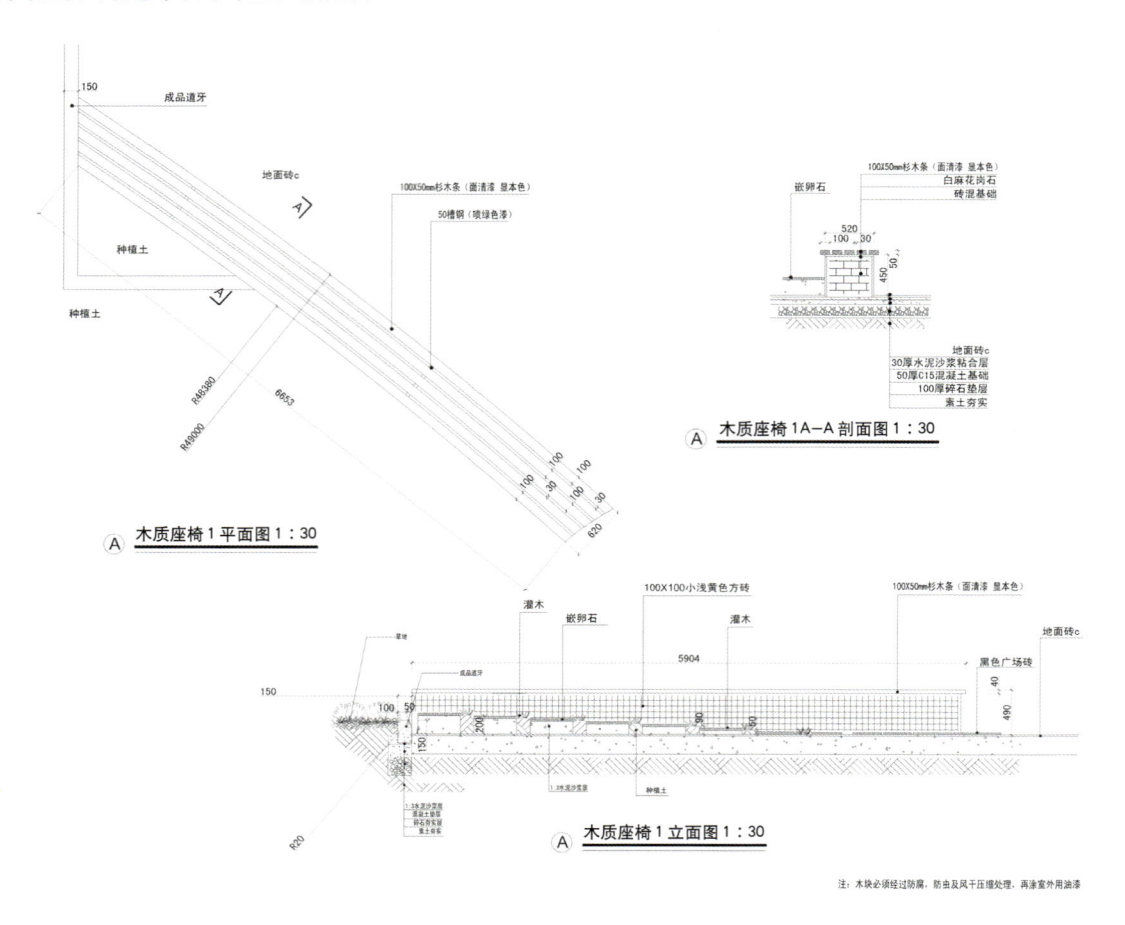

6. 景观预想图

景观预想图能清楚地表达设计师的设计意图，把设计预想清晰地呈现在大家的面前。这是一个直观的设计表现手段，包括手绘预想图、电脑绘制的预想图等。

景观设计方法与程序

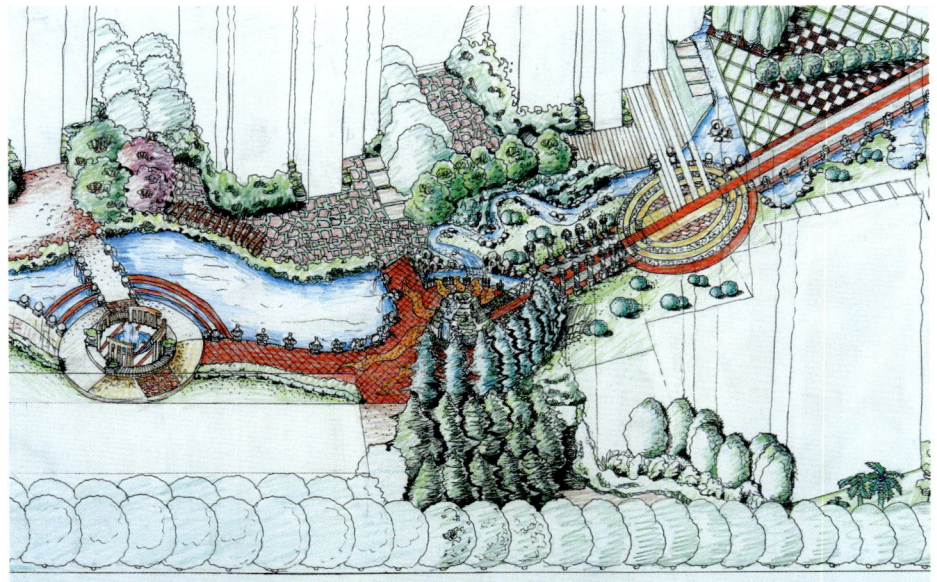

第三章 景观设计的表述方法

93

7. 景观装饰材料实样版面

这是设计技术手段不可缺少的一个程序，包括选用什么材料来表达我们的设计意图，材料的造型特征、材料的颜色、材料成型的可行性等的说明，以便为施工做一个选材的依据。材料作为设计理念的手段，不可忽略地被推到了空间展示的前沿，正是对不同材料的组合和技术加工才创造出具有不同风格、不同情感表达的各种材料，我们要了解材料的性能、纹理、成型、加工、搭配等才能满足施工技术的要求。

8. 声环境施工图

除了及时的播报信息外，声音还可以根据不同的环境模拟大自然中的声音，给人带来身临其境的感觉，另外背景音乐也能给客人带来不同的感受。

9. 消防系统施工图

消防系统（包括报警系统），主要是给客人带来安全感，在发生意外的情况下能够最大限度地得到安全保障。消防系统的技术要求非常严格，国家有具体的消防规范，请参看相关的书籍。

10. 给排水施工图

给排水施工图说明景观规划里给水和排水的管线设计施工情况。给水主要是指生活用水、消防用水、绿化用水、市政用水等，排水包括城市的污水和雨水的排放。给水不流畅就会给生活和管理带来不便，排水不通就会造成污水的积压，造成城市污染。

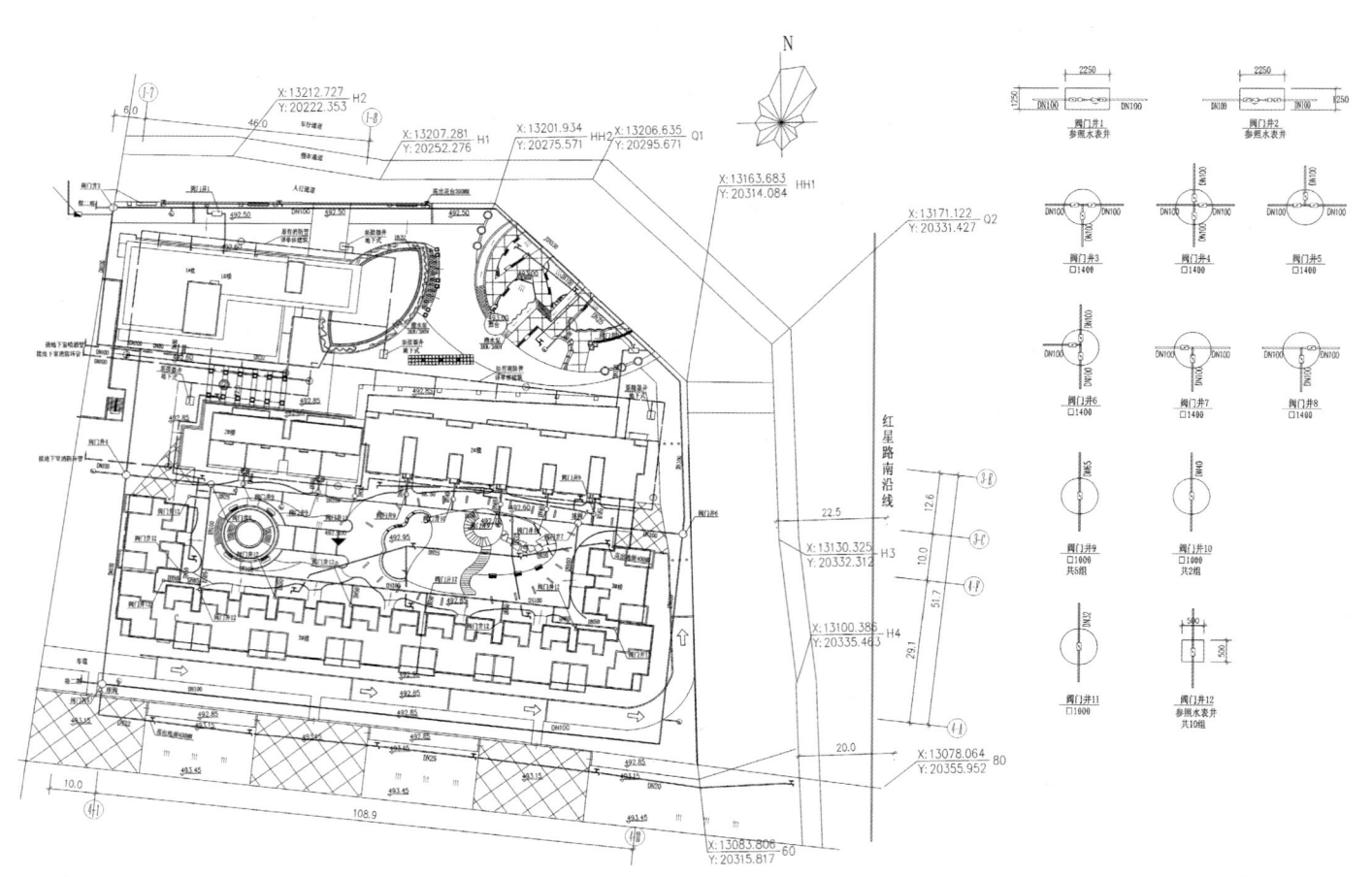

给水施工图

说 明：
1. 尺寸单位除标高以米计外，其余均以毫米计．
2. 图中所注标高均为绝对标高．
3. 室外雨水管采用PVC-U双壁波纹管（环刚度为8kN/m²），弹性密封圈柔性承插连接，管基采用砂砾垫层基础．雨水管排水坡度均采用0.5%．雨水口至雨水井管道管径均为φ200，埋地深度均为500mm．
4. 砖砌圆形雨水检查井砌筑见国标图02S515/P19．
5. 雨水口做法见国标95S518-1/P4．
6. 遇有管道相碰处，应小管让大管，有压管让无压管．
7. 所有井盖均采用重型铸铁井盖，并铸有"雨水"字样．
8. 施工前应现场踏勘，根据实际情况进行调整，无误后方能施工．
9. 若施工过程中与设计图纸不符需变动时，应告知设计人员并取得认可．

排水施工图

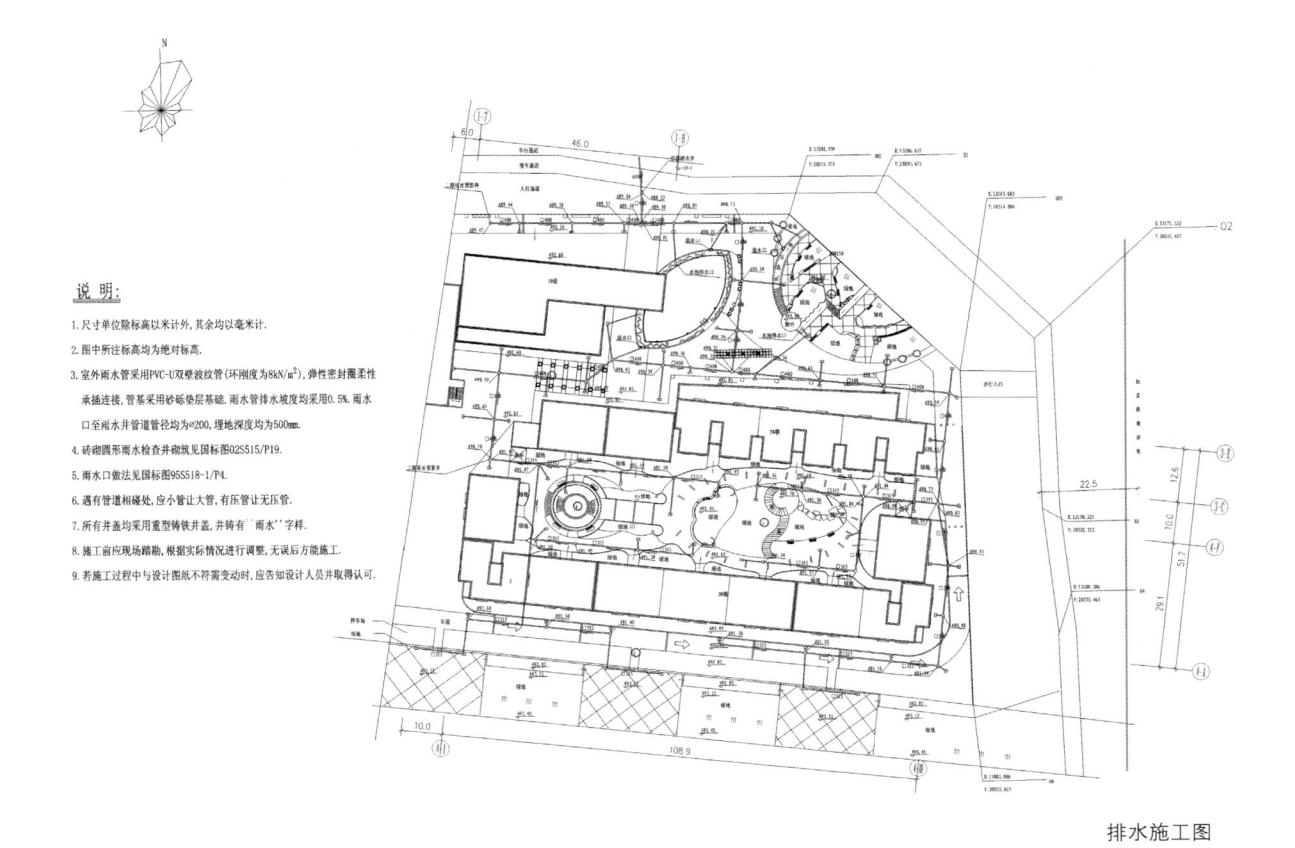

11．照明施工图

编制照明施工图主要说明照明系统的位置、规格、用电情况，还有煤气、电力、电讯等各种管线施工情况等。

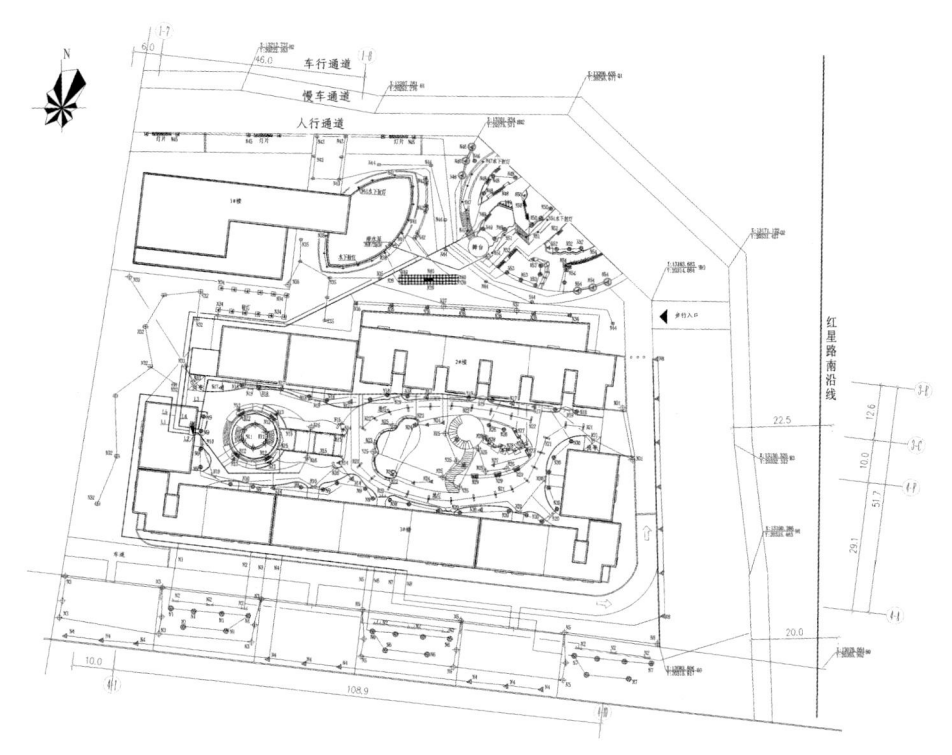

照明施工图

95

12. 设计意图说明和造价概算

这是设计意图和设计思想的一个补充说明。造价概算是对设计作品做的一份经济可行性报告。

13. 施工设计大样图

初步设计方案需经审定后，方可进行施工图设计。根据我们设计所用的材料、加工技术、使用功能，有一个详细的大样图说明，以便形成具体的技术要求。设计大样图应明确地表现出技术上的施工要求和怎样完成这个工程的一个详细的图纸。施工图的内容还包括水、电、暖专业协调，确立相关专业平面布局的位置、尺寸、标高及做法、要求，使之成为施工图设计的依据。

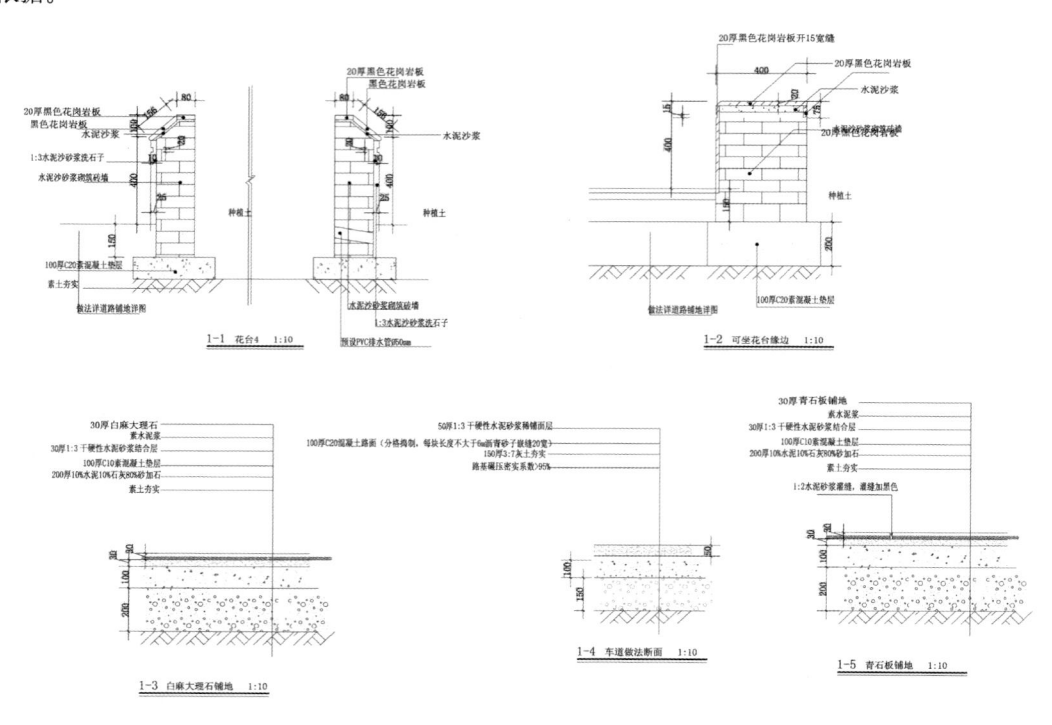

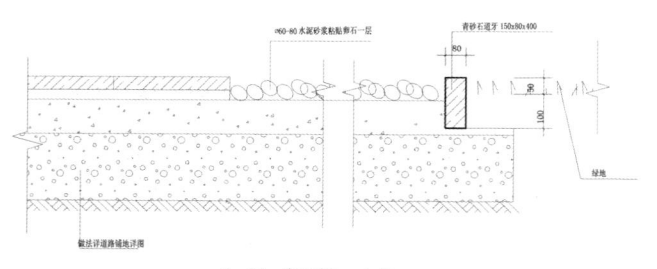

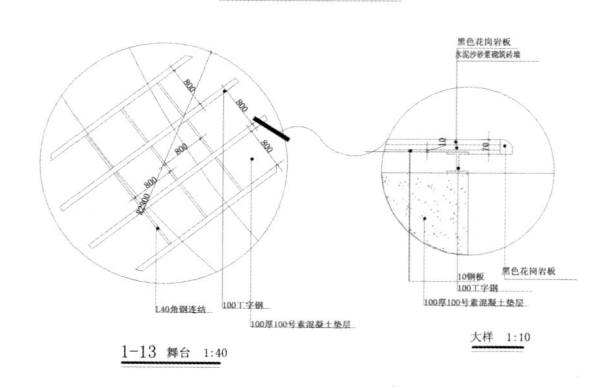

施工图设计阶段需要补充施工所必要的施工详图、设备管线图，编制施工说明和造价预算。对于施工图的要求，中华人民共和国建设部对建筑工程施工图设计文件审查，在2000年2月17日有一个明确的规定和要求，对施工图的管理和实施有详细的条例。其中关于第七条——施工图审查的主要内容：1.建筑物的稳定性、安全性审查，包括地基基础和主体结构体系是否安全、可靠；2.是否符合消防、节能、环保、抗震、卫生、人防等有关强制性标准、规范；3.施工图是否达到规定的深度要求；4.是否损害公众利益……

七、方案确定阶段

方案的确定是在设计准备阶段、设计构思阶段、初步设计阶段、方案深化阶段、施工图完成后，设计人员向施工单位进行设计意图说明及图纸的技术交底，经过审核、校对、审定、设计、制图、描图等人员的签字，方案被确定下来，即说明方案被认可。

八、施工监理阶段

工程施工期间需按图纸要求核对施工实况，各专业须相互校对，经审核无误后，才能作为正式施工的依据。根据施工设计图，参照预定额来编制设计预算，对设计意图、特殊做法作出说明，对材料选用和施工质量等方面提出要求。为了使设计作品能有预期的效果，设计师还应参与施工的监理工作，协调好设计、施工、材料、设备等方面的关系，随时和施工单位、建设单位在设计意图上进行沟通，以便达成共识，让设计作品尽量做到尽善尽美，取得理想的设计效果。

设计师在施工监理过程中的工作包括：在用材、设备选用、施工质量方面对施工方作出监督，完成设计图纸中未完成部分的构造做法，处理各专业设计在施工过程中的矛盾，局部设计的变更和修改，按阶段检查工作质量并参加工程竣工验收工作。

第二节 景观设计图解思考与图解表现

景观设计图解思考与表现是在设计师对景观环境相关的政治、经济、社会及个人行为分析基础之上确立起来的。其研究及资料收集的来源是建立在对环境的了解，地形、地址情况的分析，景观的功能、规划、需求、限制与潜力等因素的了解之上的。

我们在作景观设计的同时，也在塑造着未来的环境，以新的城市文化和机制创造着人们的生活。景观设计在城市环境的规划中起着至关重要的作用，它架起了人们从构想到实施再变为现实的桥梁，是景观建设程序中一个不可缺少的、极其重要的环节。对于景观设计图解思考和表现我们将从以下几个方面来研究。

一、景观与环境的关系图解思考

景观与环境的关系是建立在分析的基础上的，是对景观设计地段相关的各种外部条件的综合分析，是景观与环境文脉分析理论的具体运用。

研究景观与环境的关系必须针对基地条件进行图解分析，对现状和机能的图解分析、景观与周边环境的图解分析、景观平面布局的分析。

（一）对基地条件进行图解分析

基地分析是对地域地理现状进行环境各方面性质的了解，把收集和记录基地有价值的材料，通过文字和图解的形式表现出来，它包括建筑物所在的具体位置、植物情况、土壤结构、气候条件、排水系统安排、视觉的观察及相关因素的规划组织。

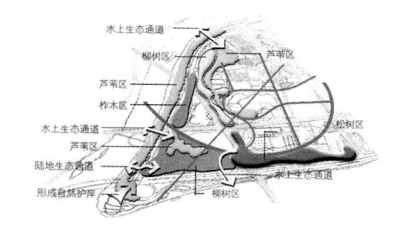

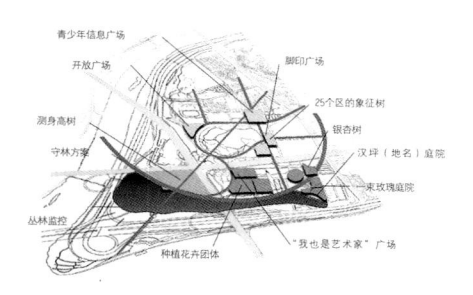

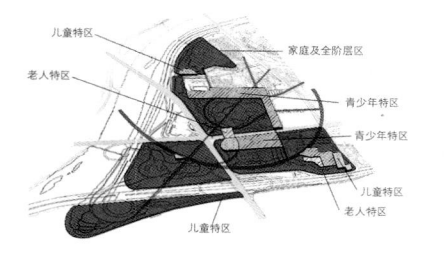

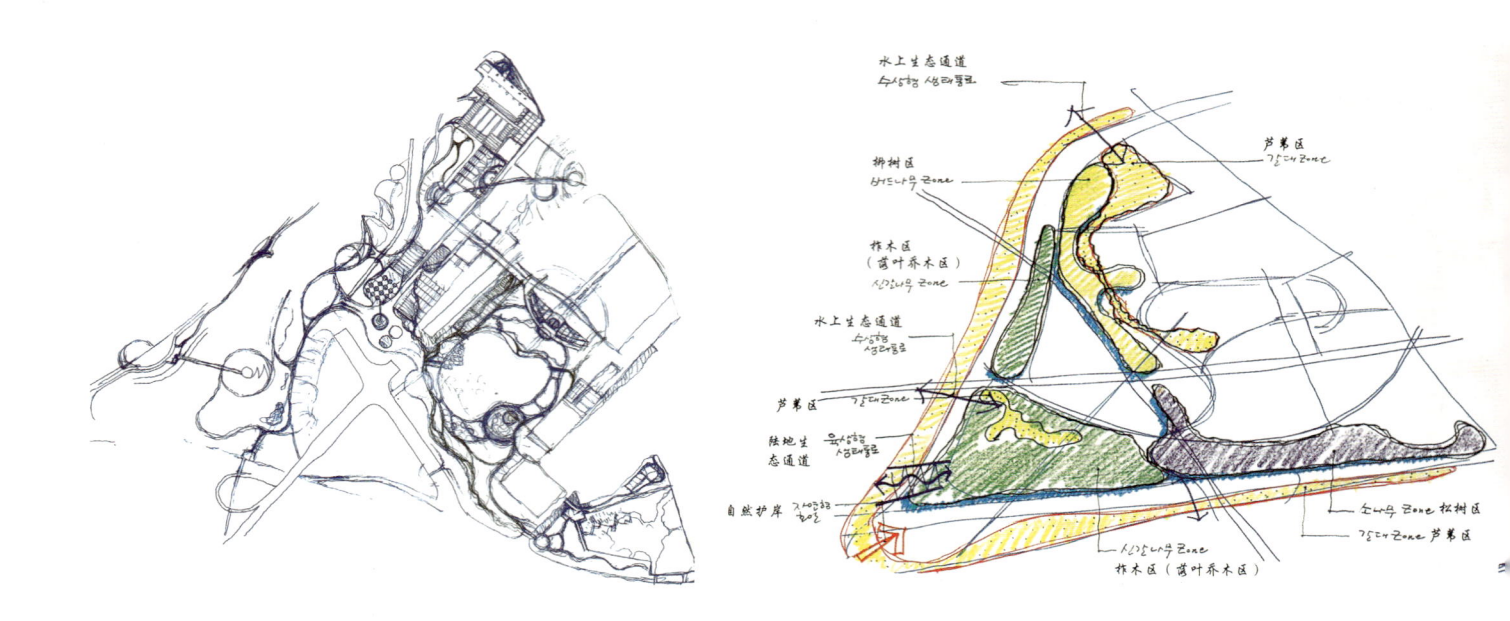

（二）对现状图解的分析

从规划的角度来讲，现状图解是很重要的一个环节，图纸能精确、清楚地标明现状的具体位置、标高、地势等，对于规划和开发土地、景观规划、经济开发都有很大的帮助。现状图解的分析是指通过测量、勘探，绘制出准备开发的现有的原始地貌图。这种图常常根据对原始资料的分析、归纳、整理，划分出若干区域空间，用草图、详图表现出来，用测绘的方式测量出基地的方位、标高、面积、风向等来记录各种数据资料。

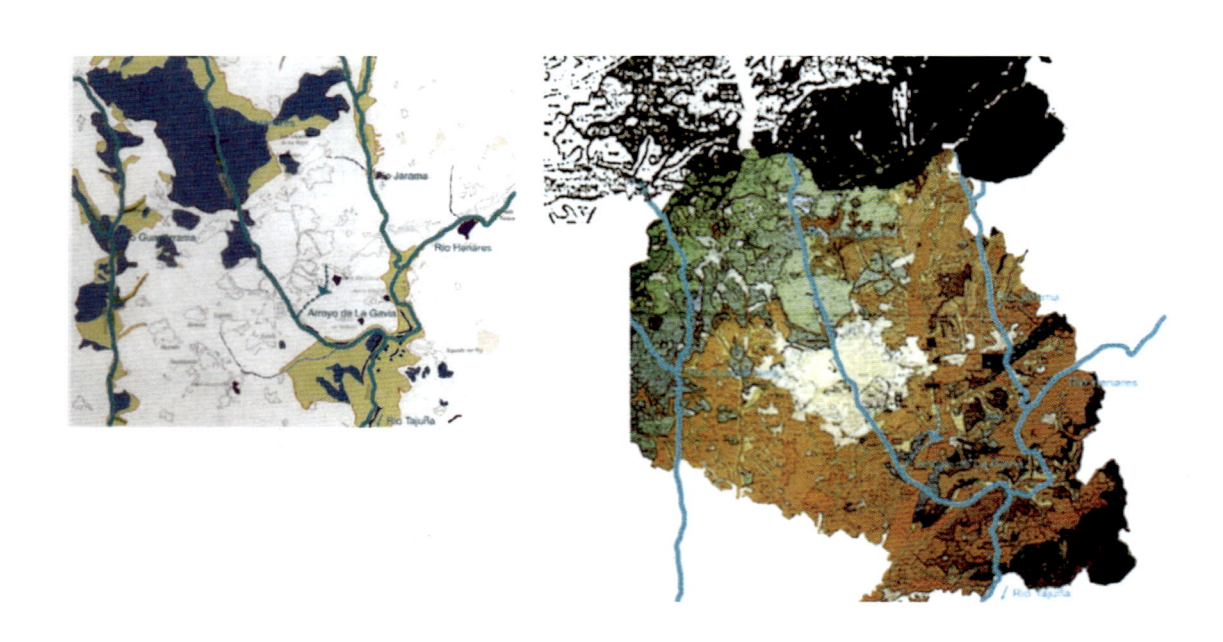

（三）对机能的图解分析

环境机能分析是在基地图解分析和现状陈述的基础上进行的。我们要将该基地改造成为理想的空间环境，建成所需的功用空间，就必须对环境的机能进行全面的分析，如景观和环境的关系、环境与人的关系、人与建筑的关系、人与人的关系等。

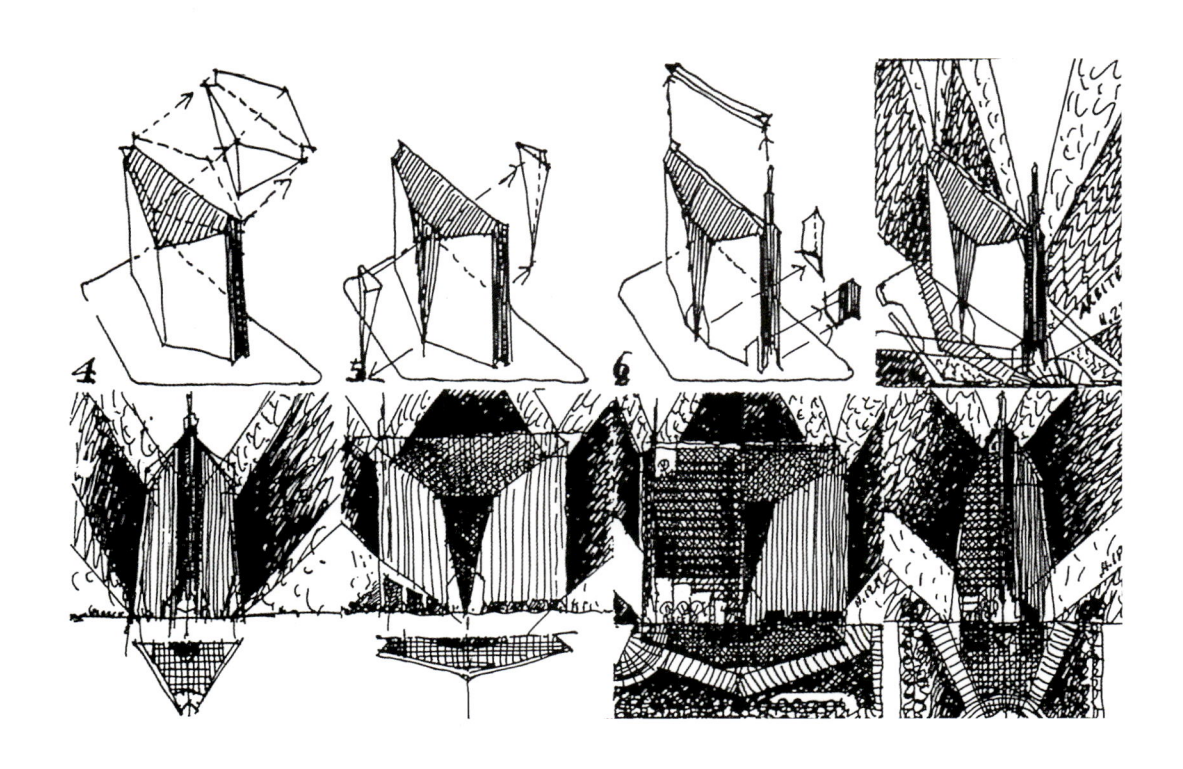

基地的机能由于用途不同，需要考察的因素也各有差异。机能的内容相当繁多，如一个办公区的环境包括公共道路、服务设施、公共活动空间、送水途径、水泵房、机房……我们必须对这些不同的功能进行分区和规划，对分配用地和水资源、土壤与植栽进行综合考虑。不难想象，机能分析是一项细心而全面的工作。

（四）景观与周边环境的图解分析

人的各种活动对周边环境提出的种种要求仍然是景观设计研究的重要课题。景观场所体现了景观的环境空间与人的需求空间之间的关系。文化、历史、社会与周边环境的联系状况将体现社会文化价值、生态价值、景观周边环境的价值。

景观环境与周边领域的划分是以入口和围合体为标志的。它们是环境与景观空间的邻接界面，既有外界的公共性又有景观空间的独立性。景观与周边环境相互渗透、相互引申，成为整个环境空间的一部分。

景观规划的出入口具有交通要道的功能，它不仅要满足人流的集散要求，又要便于车流的导入和输出，以及人流、车流共享空间、行车地段的视野与缓冲等问题，以解决行车安全。入口应使人一目了然，形成视觉中心，明确可出入的概念，具有强烈的领域感。

（五）对景观平面布局的图解分析

景观平面布局是指内容、功能、形式的设想和构成技术的措施。主要内容包括地形、地貌的改造，植物栽培情况。景观建筑、山石、水体、道路以及基础设施，如排水、电气、供暖与供热设备等因素都应该考虑在规划区内。除此之外对景观道路和公共场所植栽情况及原有的自然景观应作详细的核查。景观平面布局形式有规则式景观布局、自由式景观布局、混合式景观布局、单元式景观布局。

1. 规则式景观布局

主要采用几何图案的形式，它包括正方形、圆形、矩形、弧型等，用直线和曲线构成环境和景点之间的关系，水池与花坛的边缘及造型都体现于规则式的几何图案，展现一种工艺美。在轴线上常用明显的中轴线形成对称、均衡感，体现端庄、高贵、严肃的气氛。规则式景观常常出现在皇家园林中，按理性主义的原则，强调人的意志，加强景观的精神感染力。

2. 自由式景观布局

景观依据自然地形、地貌而组成不规则的形式，利用自然地形的高低错落、起伏不平，组成景观的高低起伏，形成韵律与节奏感。根据地貌的各种变化，组成植被布置形式，采用自然丛林的方式以及用丛林团灌木和散落的复株、单株相结合而围合，划分出形式面积多变的景观空间，使其显现出朴素、自然的形式美。自由式景观设计是依据自然风貌的基本条件，对自然进行提炼、加工、再创造的过程。景观创造应源于自然而高于自然，只有如此，才能满足人们回归自然，寓身于自然的审美情趣。

3. 混合式景观布局

在一个景观环境中，根据各部分功能的不同需要和各区域性质的差异，将自由式设计和规则式设计手法相结合，以取得生动、变化、丰富的审美效果。混合式景观设计对自然地理环境的适应性很强，同时也

承德普乐寺规则式布局

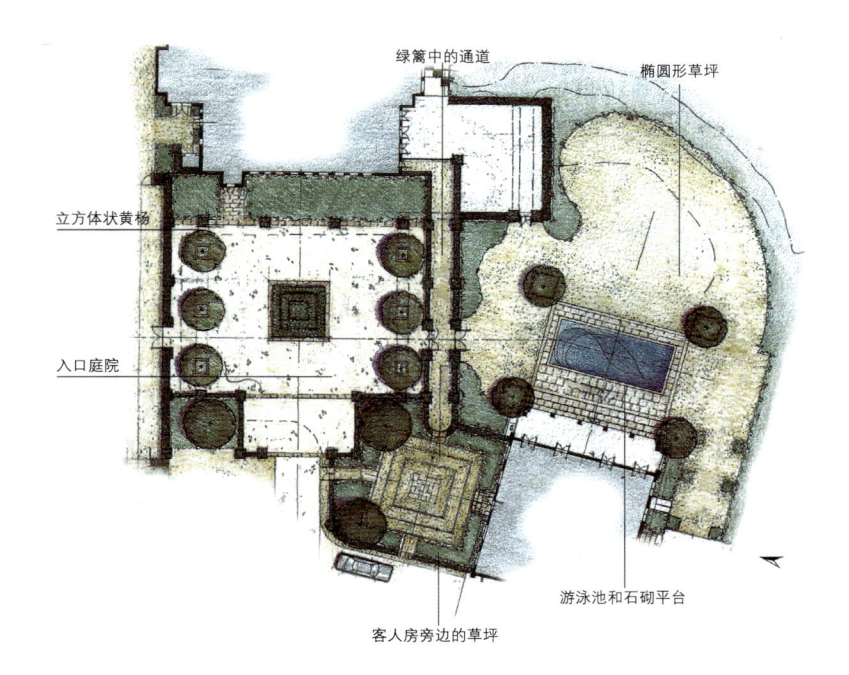

能灵活多变，以适应各种不同活动功能的需要。混合景观布局使一个景观既有活泼、自然、生动、有趣的一面，又有规则、严谨、庄重的一面，二者相互映照、相得益彰。

4. 单元式景观布局

城市环境作为一个庞大的载体，是由许许多多的单元式景观构成的，而单元式景观则以具体的形象为人们提供一种生存的空间环境，并在精神上长久地影响着生活在环境中的每一个人。

单元式景观可以按功能、性质、特点的不同而划分。例如种植、道路、喷泉、假山、小型绿地、花架、亭子等，它们必须经过图解分析再进入施工图设计。单元式景观是城市景观环境的有机组成部分，有的单元式景观以它独有的魅力展示，有的则与其他景观相互穿插交错。因此在设计时，单元式景观必须与总体规划协调，形成统一的格局。

二、景观设计图解表现

景观设计是一项充满吸引力而又极富挑战性的工作，是对传统的设计观念和方法的超越，并向着合理完美的目标逼近。

景观设计通过图解表达我们的设计思想。图解表现是一种视觉语言，图形作为一种媒介，通过语言进行交流，表达设计师的设计理念。景观设计图解表现作为设计观念的具体表达，越来越受设计师的重视，它是设计师、业主、使用者之间进行思想沟通的有效手段。从概念性的景观表现到方案实施的图纸设计，再到建成后业主宣传策略的展示，景观设计图解表现展示出越来越重要的地位。

一幅成功的表现图不仅要求插画师有崭新的景观设计概念、深厚的功力修养，而且还需要有设计表现图的特殊表现技法以及情感的投入，这些都缺一不可。景观设计是时间和空间的艺术，表现图则把四围的时空铸成二维的平面结构，是景观设计和美术结合的艺术形式，所以在形式上多种多样，一般常见的图解表现手法分为：

1. 写实的图解表现

写实的表现手法能给人提供一个直观、详尽、真实、全面的视觉图像，用这种表现手法绘制的表现图容易为大众所接受。目前，这种手法被广泛地运用到商业性的景观表现图绘制中，客观地反映景观的造型、色彩、体量、比例、尺度，逼真、详细地展现景观空间的视觉效果。这是写实图解表现手法的优点，但通常会略显呆板、生硬、烦琐而缺乏生动性和艺术的表现力。这种表现手法的表现图多用电脑绘制。大众对这种形式的喜闻乐见和今天电脑在设计领域的广泛运用，构成了写实表现手法绘制表现图广阔的商业市场。

海棠圣景局部景观透视图

2. 绘画性图解表现

绘画性图解表现是侧重于借鉴绘画表现形式的一种手法，它借助了绘画表现的优势，其特点是形象生动，讲求虚实、取舍，讲究光影的艺术效果，主题形象鲜明突出，给人以强烈的视觉冲击力，更具艺术品位和文化修养。但景物的色彩、体量、比例、尺度的感觉不及写实表现手法那样深入、细致、详尽、全面和逼真。这种形式更侧重设计师对景物的心灵感受，侧重设计师深层思想情感的表达，很多时候它的视觉效果更像一幅绘画作品。这种形式的表现图在欧洲和其他文化发达的地区已十分流行，为大家所喜爱。绘画性表现手法主要是从绘画中分离出来的，它借助于许多绘画的表现手段、方法、技能及技巧，基本上采用全部手工绘制完成。因此，它对设计师的艺术修养、造型能力和表现技巧提出了更高的要求。它所使用的工具材料十分广泛，一般采用供绘画用的水彩、水粉及各种水性笔和油性笔来表现。

3. 速写手稿式的图解表现

速写手稿式的图解表现生动活泼、潇洒自如、轻松随意，却用心良苦。它最初常用于记录设计师某种状态下瞬间的心灵感受、思维活动，后来发展成一种艺术表现的语言形式。它的特点在于简洁明了、富有激情，线条流畅，具有很强的启发性和极大的艺术感染力，是较高层次的艺术形式。它被广泛地运用于名家手记和设计师的创作草图之中。它的弱点是造型表现不详细，形象刻画不具体，这使它区别于其他图解表现手法。它所使用的工具材料十分普遍，任何一种书画及绘画工具都能满足它的需要。

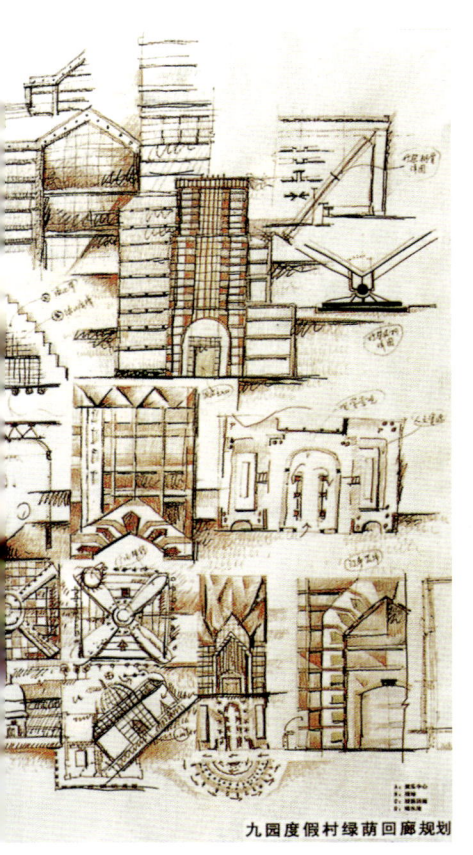

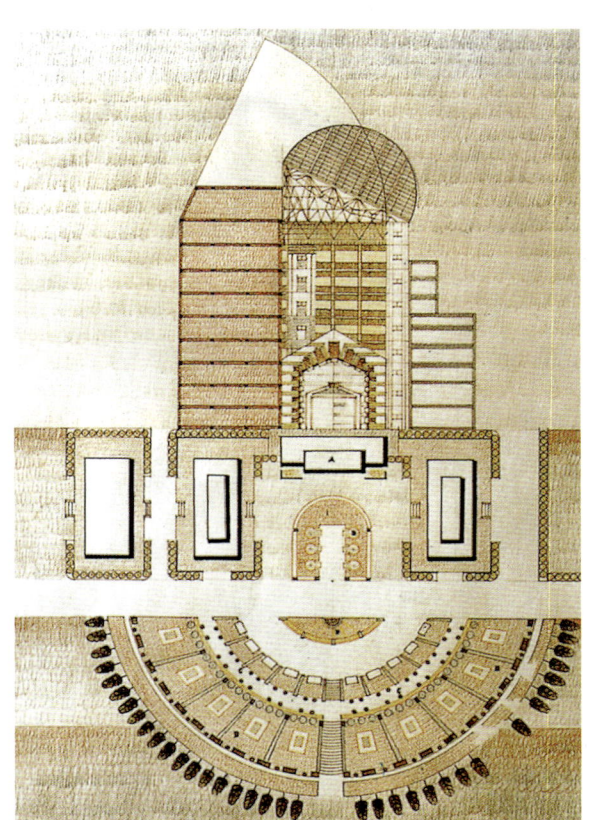

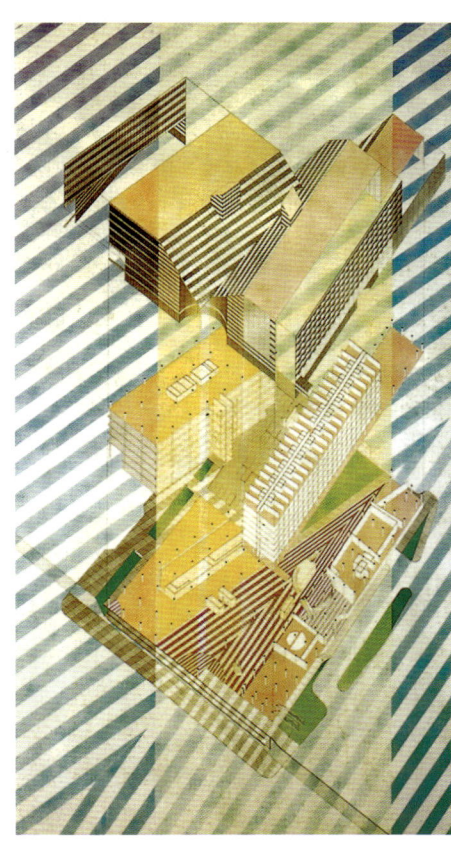

九园度假村绿荫回廊规划

4. 空间构想式的图解表现

这种表现不受时间、空间、视点的限制，以表述形态空间的各种组织安排意图为目的，是绘画与制图相结合的产物。它的特点是直接明了，重点部分刻画详尽、细致，平面化，比例、尺度严格，形象、色彩明确，框架结构清楚。整个画面具有绘画般的审美趣味。由于这种图解表现有跨时间、空间，多视觉的特征，超越了人们习惯于对实景和图片再现真实的要求的视觉模式。但作为向委托方表达设计师对项目的总体构想的表现形式是十分适宜的。同时也是一个项目设计在创意构想上延伸与发展的基础。因此，空间构想式图解表现往往让大众感到繁杂和新异，它多用硬质工具，然后再施淡彩烘托。

5. 艺术化的图解表现

艺术以创新为其存在价值，艺术的形式和内容是无止境的。艺术的图解表现是一种极富观察力，主观意识极其浓厚的表现形式，它是设计师甚至是艺术家站在艺术的角度和立场上对自己的想象力和创造力加以表现的方式，是带有探索、研究性质的尝试过程。这种形式是现代意识的产物，它介于艺术作品与设计表现之间，往往更像前者，常常具有一定的思想、创作主题，以及具有表现主义倾向，而非再现景物的客观形体、色彩、构成的真实面貌。它与一般人的欣赏规律、认知模式相去甚远。

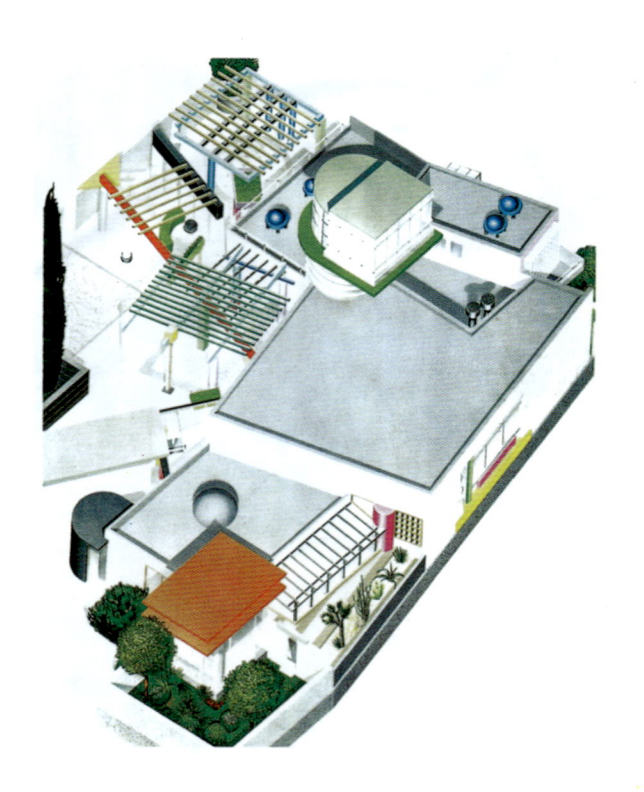

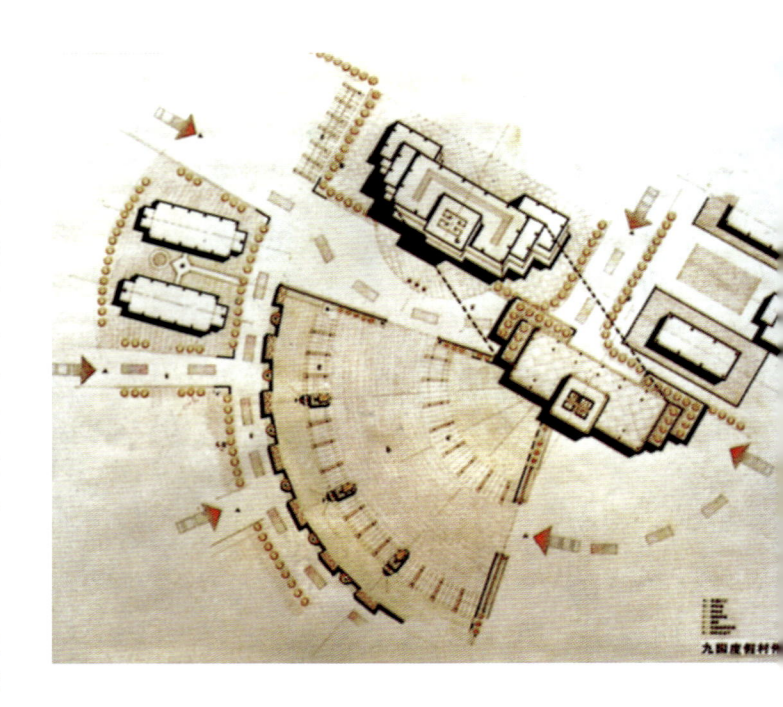

三、景观设计图解表现方法

景观设计图解表现方法是在创作过程中,通过草图、符号、说明文字、图形来图解真实和意向性的场所。图解的表现方法是对自然创造过程的理解,同时借助图解表现来传达我们的设计思想,以便沟通、交流,以及展示设计意图。

(一) 传达设计思想

包括景观与人的关系、景观的文脉关系、空间的整合情况、路径的构成要素、边界关系、接点的尺度等。

(二) 便于沟通、交流

当设计理念通过图解的方式表达出来以后,需要经过论证、检验,最好的方式就是沟通和交流,这样才能得到一些好的信息,并通过整理得到一个最佳方案。其内容是空间的形式是否合理,使用功能是否完善,尺度关系是否正确,空间关系是否舒服等,这些因素都有利于我们设计思想的深化和完善。

(三) 展示设计意图

让别人通过图解了解你的设计意图是沟通的最好途径。展示设计意图是别人了解你的过程,你可以选择多个方法来表达你的设计思想,图解的表现方法有以下几种形式:

1. 二维图解表现方法

它是指景观设计的平面布局和空间区域功能的划分,其内容包括人们的行为方式、人流通道、消防通道、公共空间、私密空间、景点的设置等。合理的二维设计是对景观文化产品的种类、数量、服务流程、经营管理、环境设施的性质和内容、形态构成进行分类与界定等,对景观的面积大小、地形、地貌、风俗习惯有机地结合,形成可以量化的平面布局。

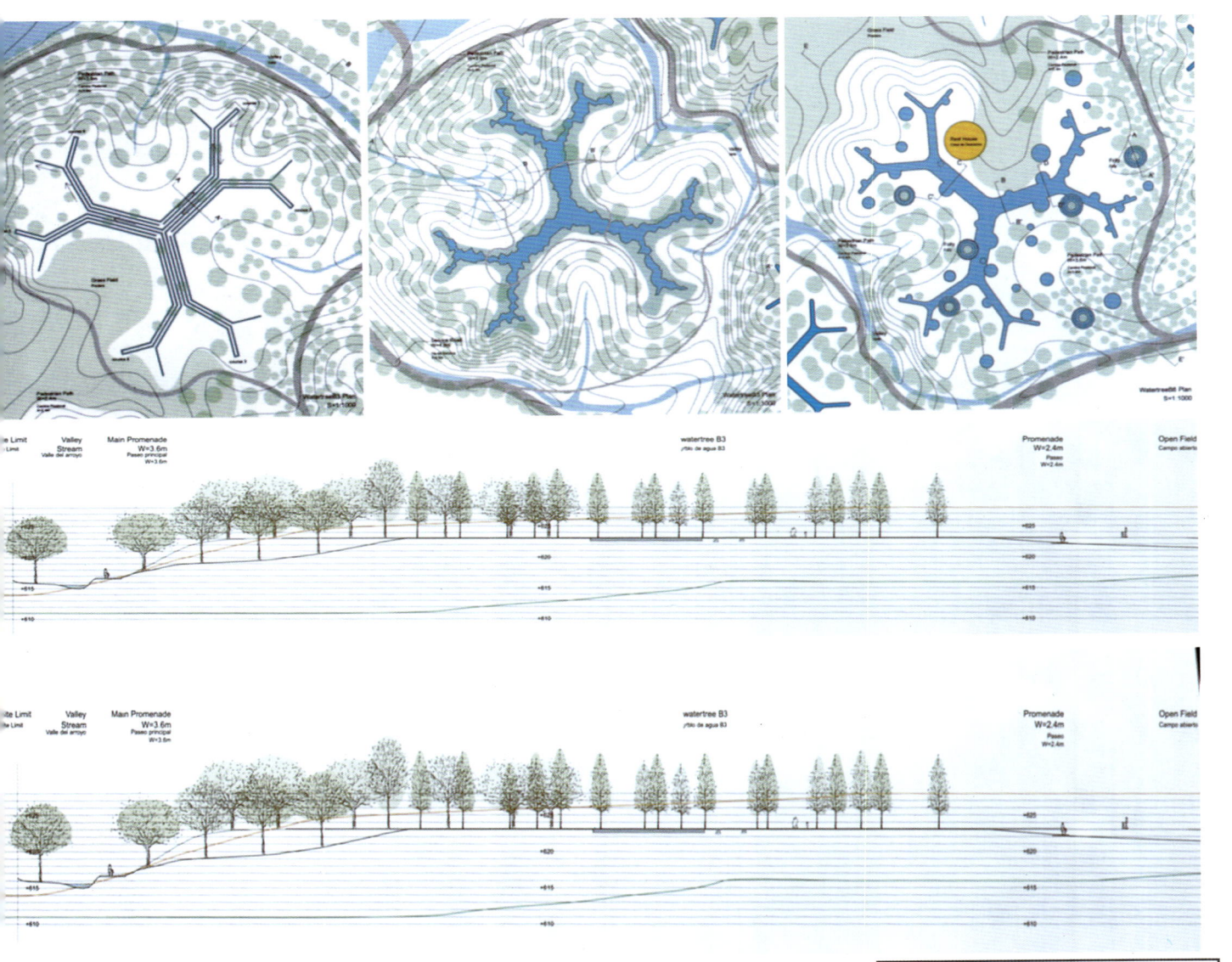

2. 三维图解表现方法

它是一个立体化的概念，通过立体化空间的再创造，使身临其境的消费者能感受到浓厚的文化气息。这种文化的陶冶来自不同材料的表达，恰当适宜的色彩设计，造型各异的图案设计，具有神奇魅力的灯光设计，再加上不同体量的组合、空间界面的划分，形成一个个立体化的景观环境，创造出一个让人们从视觉与触觉上能有轻松和舒适感的景观空间。

3. 四维图解表现方法

四维设计是指景观的动感设计。人们不再满足于静止的空间环境对景观空间的格局的设计，人们对景观设计要求的不断提高，要求我们所表达的文化理念能具有情趣性、流动性的特点，运用有动感的设计打破静止不变的空间状态，使场景更加活跃，让景观空间更轻松有趣，更能调动消费者的情绪，激发人们的热情。四维空间的设计可以为顾客带来一个全新的感受。比如：场景动画、声光模型就是四维图解的表达方式。

4. 轴测图图解表现方法

轴测图图解方式是以鸟瞰的角度来观察整个环境的布局，土地及土地上的空间和物质的构成关系，包括坡地的起伏、人们的活动空间、生态环境的承受力等，它能有效地观察和把握空间的形式和形态。

轴测图的空间是建立在平面图的基础之上，通过角度的斜切方式找到竖向空间的形态，以表现空间关系上的细部处理，可以用草图和电脑绘制的图解形式。

5. 透视图图解表现方法

透视图是我们观察空间最好的图解形式，可以通过不同的观察点去审视不同角度的空间，让三维空间更具体、更直观。透视图分为一点透视和二点透视，可用草图手绘的图解方式也可用电脑辅助的图解方式。（关于透视图的表现和绘制请参看相关书籍，在这里不作详细介绍）

第三节 景观设计的基本方法

景观设计师必须对景观设计的基本方法有一个系统的认识和把握，其目的是为了尽快地掌握景观设计的规律，运用科学合理的思维方法推进设计的进程。我们在进行设计的过程中，会遇到许许多多的具体问题，这就不得不去寻求和运用恰当的方法来解决它，才能把设计做到尽善尽美。

在本单元里，我们从两个方面来论述这个问题：一方面是从思维的角度来谈学习方法；另一方面是从设计思维的角度来谈论设计方法。

从某种角度来说，方法与程序是密切相关的，是一个事物的两个方面。我们下面讲述的这些设计方法的有机衔接，实质上构成了一个设计师必须遵循的科学而合理的设计程序，引领设计师从设计的开始走向完成。

一、宏观把握——采用大视角审视设计对象

景观设计是一个与时俱进的系统工程，不仅有很深的文化内涵，而且有很强的时代感。设计师必须以开阔的眼光来审视每一个景观设计课题，从宏观的高度上来把握设计命题，才能科学、客观的把握课题；要从全球环境中来研究区域性景观设计，了解并随时把握当代景观设计发展的态势，研究其发展的新动向，使自己有与时俱进的观念意识，确保自己的设计有一个很高的起点和相当的视觉高度。

景观设计是一门综合性很强的工程，必须有宏观全局的观念，充分考虑到与设计相关联的方方面面，从生物学、生态学、物理学等方面进行研究，才能有效地建立起一个有生命力的景观环境；必须准确地把握人与土地、人与社会、人与人的关系，才能处理好景观各元素之间的关系，创造一个最理想的景观环境，建立起属于我们时代的景观文化，流芳百世。

任何成功的景观设计都是以一个先进的设计观念为前提，而后以观念引领设计。先进的观念带来设计的成功，落后观念的设计势必失败。

这里说的"大视角"，就是优秀的景观设计师必须具有国际化的文化视野，具有一种开放的文化心理，对国际化中的多元化环境有清晰的认识与把握，尊重文化的多元性及其价值，使自己在文化心理上从自身文化向跨文化转变，重新塑造一种超越自我原文化的具有很大包容性的心理结构，最终使自己成为一个多元的文化人。设计师只有胸怀全球，才能打破文化上的"自我参照系统"，才能真正做到立足中国，放眼全球。

二、确立理念——表达设计项目的独特理念

独特的、有价值的设计理念是景观项目的灵魂，它不仅是向社会大众诉求的主题思想，而且吸引人们注意并诱发他们来自景观的心理驱动力。对于景观设计项目来说，明确的理念是统率和制约设计各方面要素的具有支配力的纲领，是主宰设计作品每一部分的灵魂，能有机组合其他构成要素成为一个完整的有机体。

一个景观设计项目有没有明晰的理念，理念的确定正确与否，能否向社会公众传递一个独特的、清晰的诱人信息，决定了景观设计项目的成败与价值。

当一个景观设计理念确立之前，必须对我们赖以生存的环境进行全面调查、了解，这样才能有针对性地开拓思路，才能确立我们的定位。因为环境不仅制约着景观的形式，而且也关系着理念的确立。

不同地区的人有不同的爱好和需求，同时也有不同的经济状况和喜怒哀乐。把人们喜欢的景观形式进行比较、筛选，过滤出最本质、最符合生态发展的设计理念，抓住环境和人们的心理需求，确定有深度的景观理念，才能表达设计项目的独特理念。

三、孕育创意——追求非常卓越的创意表现

景观是在自然环境的基础上，通过创造或改造，运用艺术加工和工程实施而形成的艺术创作的综合性工程，这种创造过程即为景观设计。要创造具有高品位和个性突出的景观环境，就必须要有卓越的创意、新颖的形式。

追求非常卓越的创意表现首要立意"新"，也就是说在对景观项目的构想上要新颖独特，另辟蹊径，有不同于一般的创意，体现出独具个性的文化内涵。这种对主观文化内涵的开发与创造，是特定景观项目能否具有良好精神功能的核心和关键所在。

卓越巧妙的创意构想能有效地揭示景观的实质内容，体现景观开发的主题思想，也是景观能吸引人，给人们以审美享受，让人进入一种陶冶性情的精神境界的关键。一个景观的开发是否成功，设计师的创意构想至关重要，它是确保景观项目的主题思想是否能够创新的鲜明体现，是否具有很高的审美价值的关键，因而创意在景观设计中有着举足轻重的作用与价值。

世界上许多成功的景观项目，无不是在设计创意的成功上让人折服，那些独具匠心的卓越创意充满了设计师的智慧与创造性思想的闪光，也使景观项目有较高的艺术品位与审美价值。

对卓越创意构思的追求，实质上是对景观项目软资产的开发，对其精神功能与审美价值的发掘，也是设计师创造性才能的重要体现。

四、图解思考——用图解方式不断深化创意

景观设计是一种视觉传达的艺术形式，是视觉的形象化设计，是使用视觉的形式语言将设计主题予以形象化的表现，其创意思维是形象性思维的过程，图形是其外化的具体形式。图解思考伴随着景观设计的全过程，是设计师思考的核心所在。

图解思考过程实质上是根据特定主题的需要，在创意思维的不断深化中，将脑海中孕育的种种假设随时勾画在纸上（当然也可以勾画在电脑显示屏上），力求将思维的零散碎片联结升华成为具有内在关系的图形，不断反复深化发展，最终找到一个最为理想的创意切入点或方案雏型。

这种图解思考过程是一个不断求解的思维活动，是设计师耗费心力的痛苦阶段。这个过程如果比较顺利的话，将呈现如下模式：

迷茫—朦胧—逐渐清晰—比较清晰—形成雏形—比较选择—最后确立。

这个过程如果不顺利的话，将呈现如下模式：

迷茫—朦胧—逐渐清晰—偏离主题—方案确立—遭到否定—重新寻找

景观设计通过图解思考，不断深化和完善创意是设计师常用的一种有效的设计方法。我们面对一大堆的问题，有了一大堆的思考，也关注了众多的社会问题……必须经过多次分析和研究，才能总结出许多新的设计原则，找到符合实际情况的设计理念，我们的设计作品才有生命力和说服力，才能面对多变而发展的景观市场。

五、选择语言——运用恰当的视觉造型元素

运用恰当的视觉造型元素，比选择什么样的造型语言更加重要。景观作为一门艺术，是从美学角度来分析和研究的。作为社会特有的意识形态的景观艺术，在创作中除对主题进行创意构想外，更是一种创造美的过程。

景观美的创造主要体现在景观的造型美、人工美、工艺美、自然美、艺术美、意境美等几个方面。

（一）景观造型美的构成

景观是一种独特的造型艺术。呈现在人们眼前的景观形象是真实的、立体的，它既可以反映特定的空间范围，又能通过形式的变化来展示众多的景观形象，从而构成一个长长的景观空间。景观造型美体现在空间与时间的相互转化过程中，在一定的空间和时间内展示其静态美和动态美，让人们不自觉地融入环境的审美活动之中，运用山水、林木、花鸟、风声、雨声、鸟鸣、阳光、泉水等自然美来塑造环境美。

（二）景观人工美的构成

在景观设计中，人工改造的自然山水景观是一种规范化的人工园林景观，它体现一种规则、精致、次序化的审美取向。自然景观的美体现的是一种自由、松散、随意、天然的感觉，这两者的审美取向各不相同，形成参照与对比关系。

（三）景观工艺美的构成

在整体布局上采用严格的几何图案形式，绿化中的修剪都显现出规则的曲线与几何形，以表现花坛造型的精美，在特定的区域内很好地运用自然材料，完全按景观设计师的意图进行创造，使美更加突出，独具个性。

（四）景观自然美的构成

自然美是未经过加工而天然形成的自然景观之美，给人一种轻松、和谐、回归自然的享受，使人乐观，有精神升华之感，让人融入自然的情感之中。

自然美就是通过天然的色彩、形状、质感、声音创造出自然的气氛，通过茂盛、雨声、日起月落、山峦峰丘、溪涧飞瀑、江河湖海、草原森林等体现自然的千姿百态、千变万化，这些都能给人带来不同的美的享受，陶冶人的情操。

人的体验过程就是自然景观在时间和空间上与人的心灵相沟通的过程。在这个过程中，会产生明显的或微妙的心理变化，这种变化在时间上体现于日华月落、四季轮回，在空间上体现于情绪与素养的体验。因此，我们在对景观进行创意设计的同时，应借用自然美的法则进行创造，使景观环境与人的心灵更加融合。

（五）景观艺术美的创造

艺术美在景观设计中的重要性是不言而喻的，人类对现实的体验需要生动而真实的艺术作品，艺术作品是按照客观美的规律和客观的审美观去创造生活、反映生活的，从而反映作者的思想情感，体现其意识形态美。

艺术美以具体形象的特征来反映生活，创造典型性的艺术景观，具有更强烈、更集中、更典型的个性特征，除了体现艺术形象的审美习惯之外，还能培养和提高人们的审美情趣和素质，进一步提高人们对自然的热爱，从而享受自然的美感。

（六）景观意境的创造

景观意境的创造在于寄情于自然物，在于人与自然的情感交流。当人的情和景相互统一、相互激发时，就会产生景观的意境。意境会随着时间而变化，景观次序化的节奏感，人们的情绪也随着时间的变化而变化。

六、巧妙借景——将现有景致纳入设计视野

借景是景观设计常用的表现手法。多年来设计师、文人、艺术家在追求自然山水和创造景园的过程中，经过长期的努力和实践，在有限的景致内创造了借景的美学原理，找到了自然山水意境的表达方式和内在的精神，并把自然山水带到了现实生活中，以在生活中品味自然景观的美，把情寄于景。巧妙的借景表现手法有以下几个方面：

（一）用空间大小巧妙借景

通过视线的变换让人在流动中感受空间大小的变化。如：在景观中围墙是空间界定的开始，不仅引导人流的路径，同时还控制着人们的视线。在围墙上打开不同形状的窗洞，透过扇形、葫芦形窗洞却是另一番景色，有幽雅的竹林、波光粼粼的湖面、缓缓的山丘……让人的视线从小到大，把大自然的景色巧妙地纳入了设计的视野。

（二）运用景物的层次巧妙借景

通过层层景观的重叠，造成丰富的景观空间。在景观设计中可以利用假山看到假山后面的绿树，再从树中透露出清新的湖水，湖水中有盛开的荷花，荷花在阳光里灿烂多彩……

（三）选择理想的方式巧妙借景

利用人们观赏景物的习惯，巧妙地运用尺度的对比关系，尤其是小空间的景观，可采用亲切的小尺度，提供一个便于观赏的景点，最好的设计手法就是借景。古人计成在《园冶》中指出："园林巧于因借。"借景可以丰富空间的层次，产生空间的联想。其表现方法有：

1．远借

把远处景物纳入有限的空间之中，借助远山、丛林的宏伟尺度，营造远山呼唤的宽广的感觉，让心灵和大自然融为一体，这是我们常用的远借表现手法。

2．近借

近借的景物很多，如利用树木的花开花落、树叶在四季变化的不同的颜色。丰富的视觉效果常常用近借的景物，给人清新、自然、和谐的感觉，有被大自然接纳的亲切感。

3．仰借

当人们仰望天空，会产生一种向往感和强烈的渴求欲望。天空自由飞过的大雁、小鸟，缓缓飘动的白云，当春雨飘向大地时预示来年的收获，当希望和东方太阳一起升起的时候，当五彩的晚霞收获着一天的心情睡去的时候……运用仰借的手法可给人们带来不同的情感和收获美好的心情。

4．俯借

有时设置一些低矮的小景观可达到俯借的效果，如湖面上的水榭，可以压低水榭的柱子尺度，让人离水不要太高，以迎合人亲水的喜好，便于人们更好地观赏水中的荷花和自

由游动的小鱼；又如微波风起时给人的幽雅情调等都是一种俯景的表现手法。

七、设置景障——隔离遮挡乱象的不良景物

在景观设计中难免有许多乱象的不良景物破坏整个景观的形象，我们常用设置景障的方法来完善。我国古代造园的手法有"佳则收之，俗则屏之"，就是讲景障的表现手法。

（一）运用树木来设置景障

高大的树木是我们屏蔽乱象景物的一个较好的方法，根据不良景物的影响类型，可以选择具有防风、防尘、隔音、防车灯等不同作用的树木来进行植栽，保证景区的完整性。

（二）运用墙面来设置景障

墙面是一种直接而强硬的景障表现方法，让人们的视线和行动路径改变方向，把不良景物拒之门外。

（三）运用广告来设置景障

这也是一种景障的强制表现手法，转移人们的视线，把视觉中心吸引到广告上来，广告内容包括景观的线路图、名人介绍、温馨提示、壁画、雕塑……

（四）运用假山来设置景障

设置假山作为景障，不仅可以把自然景观和人工景观融为一体，而且也能把乱象的景物很隐蔽地分离。

(一)运用墙体的变化

墙体是规劝人们行为的一个有效的办法,墙体的变化产生的直线或曲线都能起到引导与暗示的效果。直线把人的视线引向远方,有一种深远的感觉,从而引导人们的行为;曲线的墙面能暗示前面还有景观,以好奇心引导人们的行为。

(二)运用道路的变线

道路是景观中最吸引人的空间,道路产生的期待感是潜移默化的。比如:道路带着人们进行空间的转换、时间的变化。道路指向远方意为回家的路径,也可为期盼的方向,可以曲径通幽,也能柳暗花明……道路在不同的心情中都能产生引导与暗示。

八、引导暗示——有效引导人的去处与方向

引导与暗示设计是人通过视觉感来评价所感知的环境(外界物),然后引导人们改变自己的行为,所以视觉的过滤影响到人对环境体验的行为、方向、轨迹。引导暗示的表现方法在景观设计中常被运用,引导的手法多种多样,暗示的表现也需要利用一定的物质手段。如何有效地引导人们的去处与方向,下面我们从视觉的角度来探讨景观元素在引导与暗示中的运用。

(三）运用水体的流动

水从来就是被人们喜欢的一个景观要素，水在引导与暗示中发挥着重要的作用。如水边总是人们散步的好去处；流动的小溪带着人们的心情一起欢快地跳向池塘；水流在缓急中有节奏地变换着不同的形态，给人以不同的心情；湖面总是成为视觉的中心，在水体的元素里总是不自觉地引导人们的行为，暗示前方的美景。

（四）运用铺地元素

铺地是利用材质的变化，给人们带来很多的情感变化而产生的引导与暗示的表现方法。设计中最为常用的表现手法有毛面与光面的对比，材质的硬度、重量、表面肌理、触摸感、距离感的对比等，这些都是通过不同的手段来改变不同环境下人对材质的喜爱。材质永远是设计师追求和利用的设计手段。

（五）运用列柱元素

列柱是通过数量的变化来反映形态的特征，从而产生引导与暗示的作用。同样尺寸的柱式产生阵列的引导，从小到大的柱式能扩大空间的进深感，有很强的方向暗示。还有一些元素也能带来列柱的感受，如运用路灯的元素、高大的树木等表现方法，其效果都是相同的。

九、讲求韵律——营造扣人心弦的视觉美感

（一）节奏与韵律

节奏是指单纯的段落和停顿的反复，韵律指旋律的起伏与延续。节奏与韵律有着内在的联系，是一种物质的动态过程中，有规律、有秩序并且富有变化的一种动态连续美。要把握延续中的停顿、韵律中的节奏，就必须遵循节奏与韵律美的规律。

1. 重复韵律

重复韵律是一种简单韵律的连续构成形式，强调一种交错的美，如路灯的重复排列、树木的交错排列形成整齐的重复韵律美。

2. 间隔韵律

间隔韵律是两种以上的单元景点间隔、交错地出现的表现手法。如一段踏步、一行花坛，这样不断重复而形成有节奏的间隔美。

3. 渐变韵律

渐变韵律是指一个单元要素逐渐变小或放大而形成的节奏感。如体量由小变大、质感由粗变细，它能在一定的空间范围内，造成逐渐远去的深远和上升感。

4. 起伏曲折韵律

起伏曲折韵律是物体通过起伏和曲折的变化所产生的韵律。如景观设计中地形起伏、墙面的曲折，道路及花草、树木都能产生起伏曲折的韵律美。

5. 整体布局的韵律

整体布局的韵律是对景观环境进行整体考察，使每一个景观都不会孤立和脱节，使其纳入整体的布局之中，并有轻重缓急、有张有弛、有隐有露之感，使人感受到整体的韵律美。如在环境布局中，有时一个景观往往有多种韵律节奏方式可以表现，在满足功能要求的前提下，采用合理的组合形式，创造出理想的园林景观艺术形象。

十、注重情调——着重烘托人性化审美情趣

景观，尤其是游乐休闲景观是人们舒缓感情，追求闲情逸致的场所。针对人们这种特殊的心理需求，景观设计中注意情调，强调人性化设计是十分重要的，它能极大地提升景观的感染力和艺术氛围，增强景观的吸引力。

景观设计是创造者表达情感的一个心理过程。人们把情感堆积在文化景观空间里，通过一定的文化语言和文化符号传达特定的文化情感。人们在潜意识里把空间情感融化在自我的情感中，这是一个高级情感的交流过程，通过视觉感官的交流来获得这种情感，通过一定的形式语言来体会这种情感，达到精神上的享受和愉悦。

（一）清澈而宁静的情调

有一种情调让人喜爱，那就是清澈而宁静的美。在滨水景观规划里，经常能寻找到那份心灵的宁静。清新的空气、宜人的景物、洁白如玉的海滩、大海与蓝天白云相连，那种超脱尘世的宁静和情调，是人们理想的天堂。

（二）高品位的文化情调

城市带着自己特有的文化展示自己的魅力，景观作为文化的载体，与人交流着情感。高雅的作品带给人们高品位的享受，如在街心花园缀着造型典雅、寓意隽永的雕塑，造就城市浓浓的文化氛围，同时也塑造了城市的形象。

（四）怀旧的文化情调

对怀旧的古镇进行改造是景观规划的热点。很多城市修复和重新建造原有的怀旧文化，不仅给城市带来独有的个性，同时也满足了人们对怀旧文化的渴望和回归情怀。在市场经济发展的今天，怀旧之情遍布大江南北，这是一个新旧交替的文化现象，这种怀旧文化也变成了一种时尚。其表现手法多样，如常常保留原有的建筑形式，小桥流水的温馨、原生态的植被等。

台湾火车站广场保留了一段难忘的火车轨道景观。

（三）高雅的超脱情调

置身于自然与宁静，却远离繁华与便利，这种"隐于市而脱于俗"的超脱情调被现代都市的白领阶层所喜爱。在景观设计上运用简洁的景观造型、明亮的道路、修剪整齐的植物、清澈的流水、幽雅的休闲场所等独特的表现手法，培育出高雅超脱的文化气质与浓浓的书卷气息。

（五）民俗传统文化情调

民俗文化村的景观规划在许多城市中展示着自己的风采，已成为旅游景观的一个支柱产业。人们追求的是体验不同的民俗文化情调，规划的形式根据少数民族的建筑形式、规划格局、生活方式、生产方式、民歌、民谣的再现形式而设计。

海南的民俗文化旅游景观。

/ 全国高等院校环境艺术设计专业规划教材 /

（六）异国风情的文化情调

世界博览园备受人们的青睐，在许多国家和地区都投入了大量的资金和人力来修建，它能在同一个园区里展现不同国家的风土、人情，让人领略异国情调。在景观规划上以流程、分区为主进行规划。

英国风情的景观文化。

十一、丰富景素——充分运用不同肌理的景素

景素是指具有观赏价值并能吸引游人的景物，是构成景观的基本要素。景素是组成景观环境的素材，充分运用不同肌理的景素有利于创造景观的特色，有助于丰富和完善景观环境。下面是按美学的观点与景观结合而构成的景点，通过人的感官给予人们不同的审美感受。

（一）硬质覆盖景素

无论是新建环境还是改建环境，硬质覆盖景素都是第一个在人们的面前展开，视觉也随之变得挑剔。硬质景观是相对种植绿化这类软质景观而确定的名称，泛指用质地较硬的材料组成，包括水泥、地砖、广场砖、天然石材、加工石材等。一组不同肌理的硬质材料景素能给景观带来不同的效果。

（二）木制平台景素

在景观设计中主动地向自然延伸，人主动地接受大自然的拥抱，这种主动的心理行为导致景观设计必须开敞，必须与自然融为一体，给人亲切、放松之感。所以我们常用木材的制作为平台，与自然贴近，下面是运用木质平台景素构成的景观。

（三）围合肌理景素

围合景素在景观中很常见，如在设计上非常考究的通透的栏杆，根据不同的围合景素也给人带来不同的心理感受。又如庭院中精美的高墙、亲切温馨的栅栏、祥和的生态棚架等……

（四）排水设施景素

排水景素在景观中随处可见，也通常被人们忽略，因为一方面作为排水设施只注重功效，另一方面由于没有把它作为景点而从人们的视线里消失。如果把排水设施作为景素与景观设计一起考虑，我们同样会获得美化景观的效果。

（五）栈桥景点景素

栈桥在许多海滨城市都是很好的景点，也吸引了许多人们来观赏，栈桥也见证了一个城市的发展和文化，它作为景素在城市环境里散发出独特的光彩。

（六）照明设计景素

前面我们介绍的照明主要是谈它的功能作用，照明设计作为场景中的景素，在这里我们主要介绍光的装饰作用。在景观设计中光与影同样得到了极大的演绎，光的发展为我们的设计注入了新的活力，光和影形成的各种图案装点着我们的生活，有节奏的光与影的变化引人入胜，成为渲染空间的表现手段之一。

（七）流水景观景素

根据观赏者的行为线路不同，流水景素在形式上要求有不同的变化，在景观设计中设计精美、耐人寻味，装点着我们的城市。

本章小结：

1. 主要概念与提示

① 只有了解人们的需求，才能明白我们应该怎么做；只有明确的设计目的，才能明确我们该做什么；只有清楚地知道自己的设计方向，才能准确地表达自己的设计理念。

② 景观与环境的关系是建立在分析的基础上。图解与思考是帮助我们找到景观与环境关系的最好方法。

③ 获得一种好的思维方法，才能把设计做到尽善尽美。

2. 基本思考题

① 景观设计的基本程序？

② 景观设计的基本方法？

3. 基本训练题

① 给出一个小场景进行空间分析，按照学习的程序体会设计的过程，找到解决问题的基本方法，并作一定的图解表达和说明。

第四章 辅助案例说明

● 景观设计方法与程序

/全国高等院校环境艺术设计专业规划教材/

第一节 图解案例

一、场景的功能分析图例

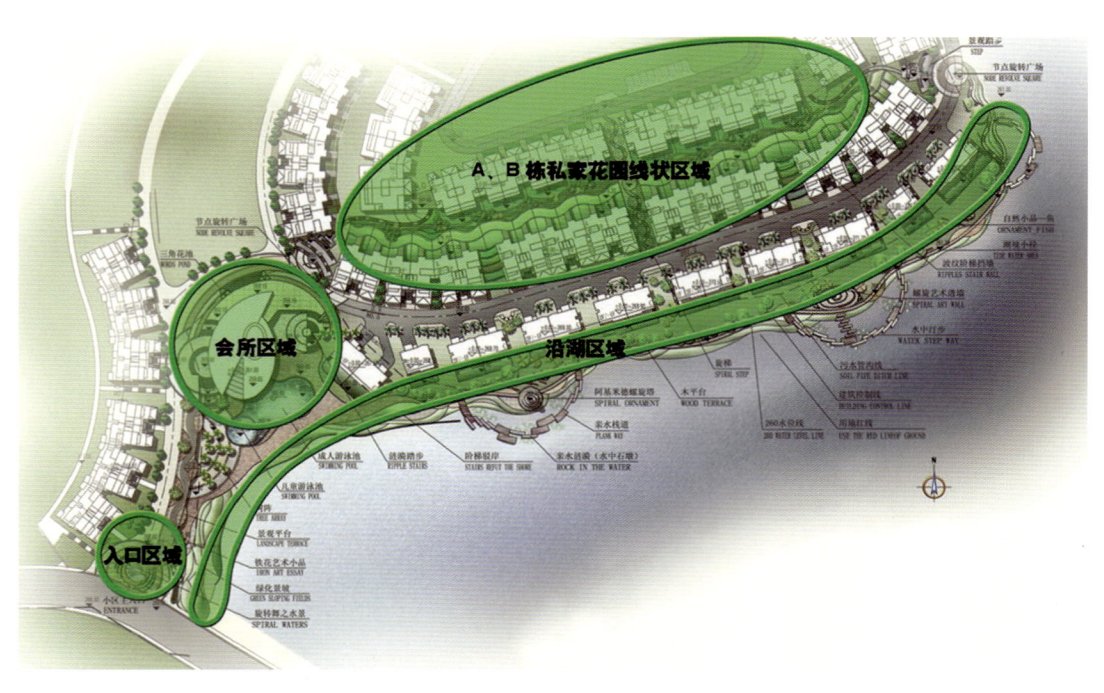

由香港南普华建筑及景观设计有限公司设计的重庆"黄洋·龙腾湖豪苑"的功能分析图例。

二、空间的形式分析图例

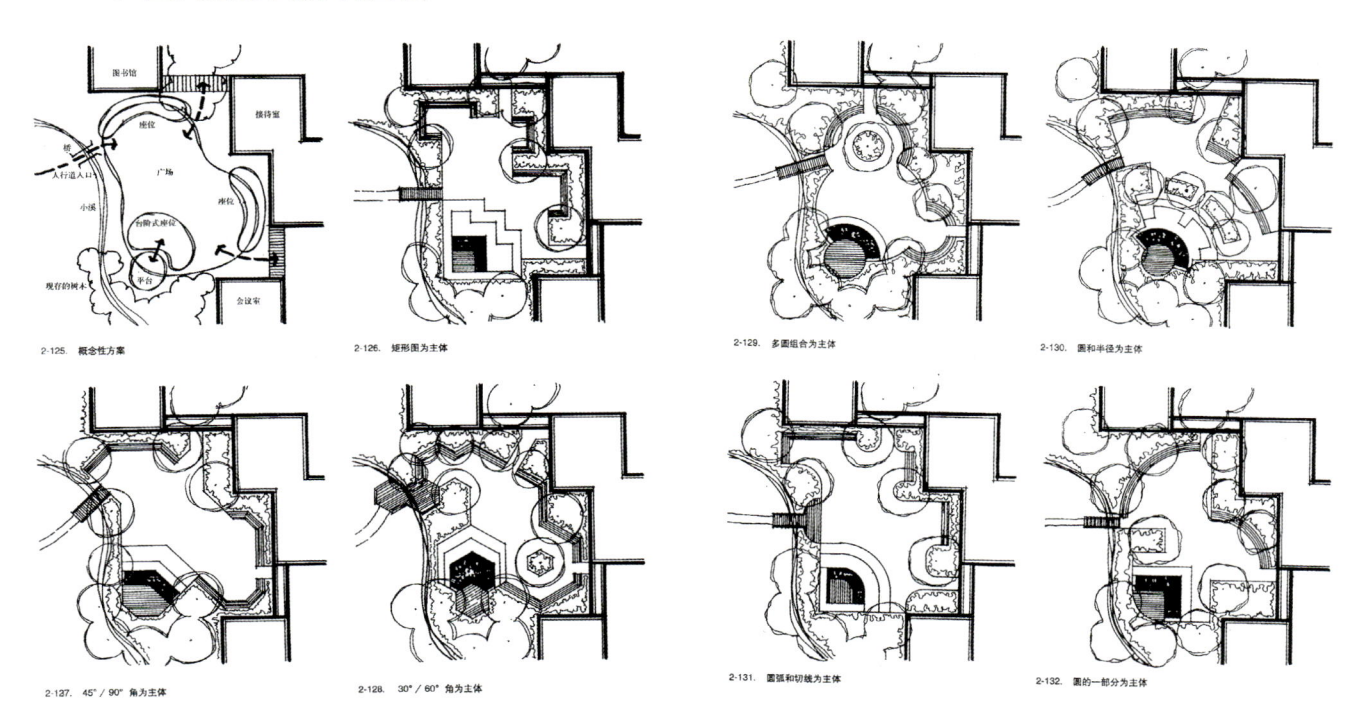

2-125. 概念性方案
2-126. 矩形图为主体
2-129. 多圆组合为主体
2-130. 圆和半径为主体
2-127. 45°/90°角为主体
2-128. 30°/60°角为主体
2-131. 圆弧和切线为主体
2-132. 圆的一部分为主体

不同的形式分析有助于我们找到理想的空间形式。

三、空间的尺度分析图例

儿童游乐设施剖面Skecth

通过尺度分析能够得到理想的尺度关系。

/ 全国高等院校环境艺术设计专业规划教材 /

四、空间的轴线分析图例

南京"清华书院"轴线分析图。

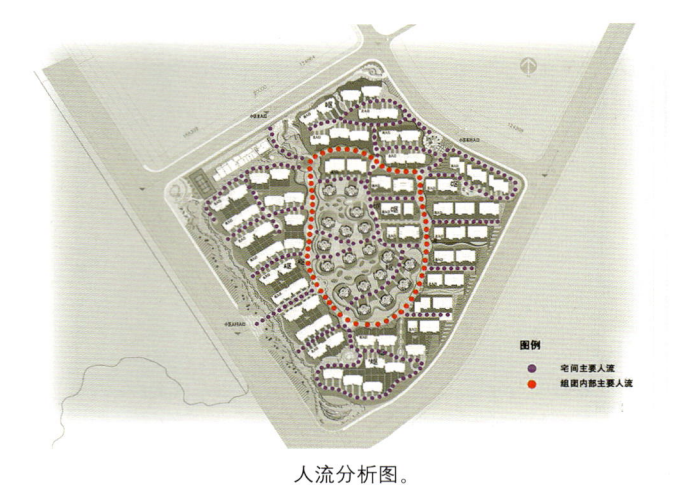

人流分析图。

五、空间的绿地分析图例

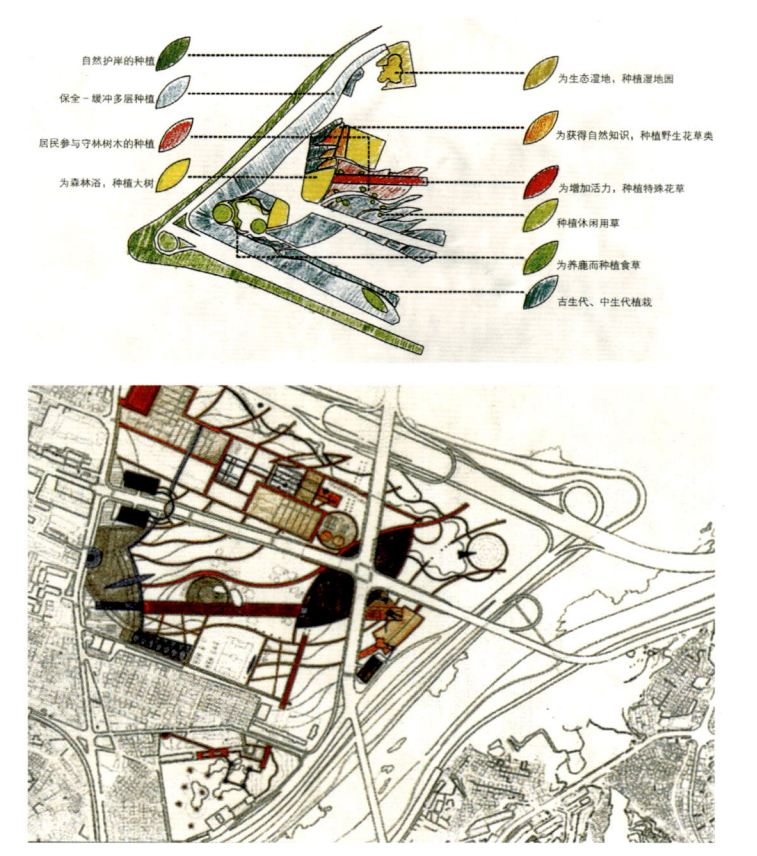

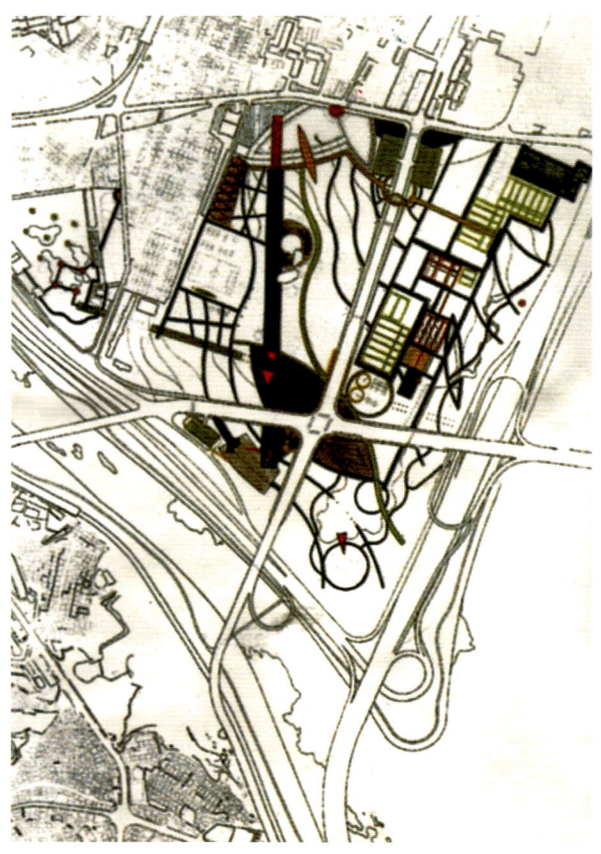

TOWMOON 工程建筑师事物所 晋阳桥（景观设计组）设计的"大堤岛丛林"关于绿地及植栽的分析图。

六、空间的形态分析图例

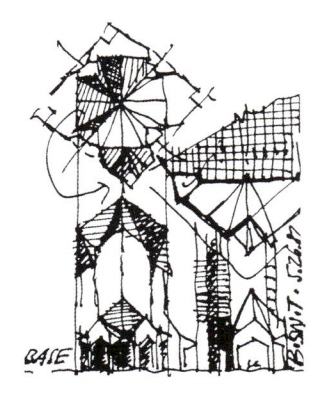

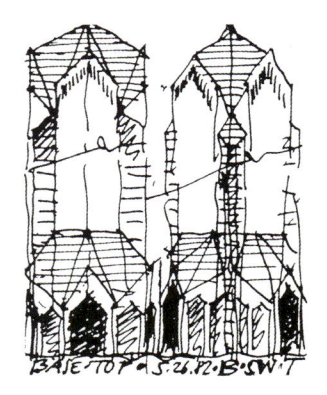

第二节 景观空间案例

一、都市景观空间案例

城市中心景观空间打破了单一的思维和封闭的创造模式，它连接了城市与环境、时间和空间、道路与交通、信息与技术、功能与美学、破坏与重建、污染与改造、未来与发展等一系列因素，因此，都市景观空间规划在不断的否定中发展，在发展中寻求健康。

美国加利福尼亚地处洛杉矶市中心的第五街和第六街之间，是一个公共性的广场空间。它的投资很大部分来源于邻近的业主，借此提高广场环境空间的质量，从而保护自身的物业价值。由于资金得到保证，1991年便付诸实施。

高高耸立的紫色灯塔与流水结合形成动态空间，与广场另一面明度极高的黄色咖啡厅和三角形汽车站在色彩上形成了鲜明的对比，突出了主体景观建筑的个性。绿色草坪与粉红色的地面形成的补色对比使人耳目一新。配套设施的地下停车场设在广场后面，人们可以从四个方向自由地出入广场。宽敞的茶馆内的空间可供人们休息、玩耍、交流。绿树不仅美化着整个广场，而且缓解了广场的环境污染，同时还造就了建筑与广场之间的对峙感。圆形的水池和下沉的矩形露天广场形成的落差变化，每分钟水依次地循环保证了水质的清澈，为提高人们的生活质量和环境质量作了大量的努力。

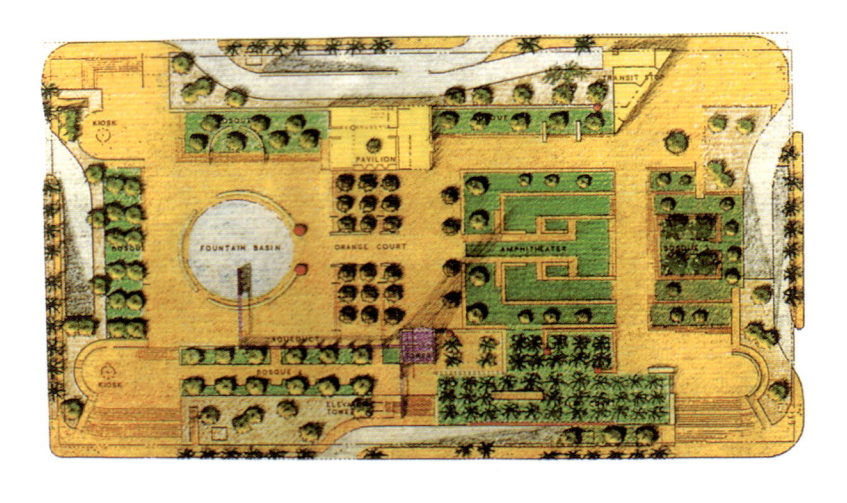

二、小区景观空间案例

居住小区景观涉及老百姓最关心的内容，是一项包括人们的经济水平、文化修养、生活方式、人际交往、休闲需求、审美需求、生态领域的复杂工程。

东京的复兴水景园是中央公共空间中与儿童公园一体化的一个住宅小区，它利用樱花很好地解决了环境的美化问题，水亭设计使整个内部环境得到了优化。户外空间的使用使人际交往得到了最大的满足，景观形象因为大胆而简洁的造型有很强的生活气息和时代精神。

丽景景观建筑的"璀璨之旅"创造了亲切的交通空间。

/ 全国高等院校环境艺术设计专业规划教材 /

三、交通空间案例

交通空间是现代城市人际交往的通道，其内容包括步行街交通空间、车流交通空间和人车混流空间。

步行街空间相对比较小巧，但也是人流较集中的地方，景观中的景点要有亲切感和舒适感，有文化品位的景观小品要给人带来精神的享受，在步行街里包含了休息区、电话亭、广告牌、喷泉、绿化、游戏区等具有亲切感的设施。

车流交通空间规划必须保证人的人身安全，用隔离带来分隔车行和人行的功能区，在车道的两旁设置许多小景点来点缀整个街道，提升城市的品位。

人车混流空间指人流和车流共享一个通道，主要由于场地和空间的局限而不得不将人流和车流放在一起。在空间的设计上，尽量把通道扩大，让车流和人流有独自的流动空间，才能保证行人的安全，一种方法是把车流放在中间，人流设置在两边；另一种把车流和人流安排在左右两边，这样都能保证人车正常的通行。

四、滨水景观空间案例

滨水景观空间长期以来受到人们的青睐，人类依水而居，城市依水而建，哪里有水哪里就充满生机。滨水空间有不同功能的要求，包括生产、运输、排污、防洪、饮用等。滨水景观空间的设计，在审美上应该借助水的特点，打造滨水亲水的自然环境；在设计上主要解决水与陆地的关系。水是动态的、透明的，同时也可以镜像蓝天、白云、青山、城市等，而陆地上的景观是静态的，动与静结合，在滨水景观中显得舒适、怡人、自然、和谐。

阿多·罗西的伯尼芳坦博物馆（1990—1995），塔形的锌制圆桶建筑别致而耀眼，在马斯河上创建的这个滨水的博物馆显得舒适、怡人。

126

本章小结：

1. 主要概念与提示

① 城市空间连接了城市与环境、时间和空间、道路与交通、信息与技术、功能与美学、破坏与重建、污染与改造、未来与发展等一系列的因素。

② 居住小区景观涉及老百姓生存的各个方面。

③ 交通空间是现代城市人际交往的通道。

④ 滨水景观空间设计在设计上主要解决水与陆地的关系。

2. 基本思考题

① 滨水空间的表现形式和手法？

② 步行街的设计要素？如何进行实地考察？

③ 居住小区景观的设计原则？

3. 综合训练题

① 学生对自己的设计作品，提出自己的观点，表达自己理想的景观环境应该是什么样的？为什么要这样设计？设计的手法？表达方法？任课教师作总结，提出景观设计的基本要求和评判标准。测试完成后做单项成绩记载，纳入学生课程成绩。

4. 相关规划设计规范请参看其他书籍。

后 记

从2000年编写出版了《二十一世纪设计家丛书——景观艺术设计》——更多的是从人文主义的角度来研究景观文化,此书到现在已经快八年了,承蒙读者与使用部门喜爱多次被加印。这些年来,随着设计实践和教学经验的积累,一直有一个心愿,希望能从景观设计的方法和程序的角度进行深入的研究和探讨,并形成系统的理论体系应用于设计教学活动。作为一个教师和设计工作者,我感到有责任、有义务把自己成功的经验和失败的教训告诉我们的学生,让他们更容易地掌握景观设计。

撰写《景观设计方法与程序》一书,最大的难度是如何把一个立体的空间体验转变成一个可以实用的基础知识;把一个复杂而庞大的设计过程,提升为一个系统的设计方法,使其能够被设计类初学者尽快掌握,成为应用性教材。

感谢本套丛书的编委们对我们的信任,使本书成为自己不断学习和探讨的平台和终身难忘的经历。

在编写本书的过程中,深深感激我的导师,国内著名艺术设计理论家李巍教授为本书的具体指导,并在写作的过程中给我的鼓励和帮助,最后审阅了书稿。

当我们需要忠告和建议的时候,是四川美院设计艺术学院的郝大鹏教授、余强教授、许亮教授、龙国跃副教授、张兴友老师等给予了无私的支持。感谢他们无私的帮助,与我们一起讨论和研究,才确保此书顺利地完成。王正端老师的编辑指导,不仅修正了我们在写作时疏漏的点点滴滴,而且排版也让本书更加精彩。

感谢西南师范大学出版社领导及全体同仁的大力支持,正是他们的支持和辛勤劳动才使本书得以面世。

本书选编了不少的国内外出版的景观设计的优秀作品,我们在参考书目中尽可能一一列出,以示尊重,还有一些无法联系到的专家和作者只有表示道歉,在此我们向这些出版社和作者表示谢意。

刘蔓　刘宇

主要参考文献:

(英国)阿妮塔·佩雷里编著. 周丽华译. 郭春华译审.《21世纪庭院》. 贵阳:百通集团 贵州科技出版社, 2002年2月
《景观设计程序与技法II》. 李永实译. 大连:大连理工大学出版社, 2004年9月
《LAND SCAPE WORKS 佐佐木叶二景观设计作品集》. 李秀妹 于黎特译. 大连:大连理工大学出版社, 2005年1月
《TOYO ITO 建筑素描03》. 伊东丰雄专集.《建筑素描》中文版编辑部编, 宁波出版社, 2006年1月
潘谷西主编.《园林建筑》. 北京:中国建筑工业出版社, 2004年11月
维多里奥·马尼亚戈·兰普尼亚尼 安格里·洒克斯编著. 赵欣 周莹 陈默 赵晶 金旃译.《世界博物馆建筑》. 沈阳:辽宁科学技术出版社, 2006年8月
吴家骅编著.《环境设计史纲》. 重庆:重庆大学出版社, 2006年6月
萧默编著.《华彩乐章》. 北京:机械工业出版社, 2007年1月
章俊华 贺旺编著.《日本景观设计师——三谷徹·长谷川浩巳》. 北京:中国建筑工业出版社, 2002年3月
(英国)安德鲁·威尔逊编著. 龚恺等译. 周厚高译审.《庭院规划与设计》. 贵阳:百通集团 贵州科技出版社, 2006年5月
(英)罗伯特·霍尔登编著. 蔡松坚译.《环境空间——国际景观建筑》. 百通集团 安徽科技出版社 中国建筑工业出版社
(英)Penny Sanek Szymanowaski编著. 李晓辉 齐飞 孙晓梅译.《园景硬质覆盖艺术》. 沈阳:辽宁科学技术出版社, 2002年1月
周厚高主编.《水体植物景观》. 贵阳:百通集团 贵州科技出版社, 2006年4月
区伟耕 刘磊副主编. 王斌摄影.《公共设施园林小品》. 乌鲁木齐:百通集团 新疆科学技术出版社, 2006年12月
《京城风韵——2005北京最佳餐厅设计》. 刘圣辉摄影. 刘云 袁媛 蔡西文策划. 悠悠撰文. 蔡勇设计. John Lu翻译. 沈阳:辽宁科学技术出版社, 2005年10月
(英国)格兰特·W. 里德 美国风景园林设计师协会著. 陈建业 赵寅译.《园林景观设计从概念到形式》. 北京:中国建筑工业出版社, 2005年7月
《台湾景观作品集》. 天津:天津大学出版, 2002年
崔征国译.《最佳环境设计选集1》. 最佳环境设计选集编委会. 发行:南天书局有限公司. 印刷:黄甫彩印刷有限公司
王其钧 邵松著.《图解中国古建筑丛书——古典园林》. 北京:中国水利水电出版社, 2005年9月
《LANDSCAPE》Designed Landscape Foruml Washington, DC Cambridge, MA.
《GHRDENS》Carol Soucek King, ph.D. Fouewoud By Michael Graves, FAIA
　PBC INTERNATIONAL, INC. 1997年
《HELMUT JAHN》Text by Nory Miller
　　　　　　　 Design by Keith Palmer
　　　　　　　 Composition by Roberts/Churcher, New York
　　　　　　　 Printed and bound in Singapore
　　　　　　　 NA737.J34M55 1986